北海道の
トンボ図鑑

広瀬良宏・伊藤智・横山透

発行：ミナミヤンマ・クラブ
発売：いかだ社

はじめに

　1993年に広瀬良宏と共著で自費出版した『蝦夷乃蜻蛉』は、北海道産トンボ類をまとめた、一般にも購入できる初の出版物であった。英語タイトルは、"A Guide to the Dragonflies of Hokkaido"としたが、内容的にはガイドブックというよりは、簡略なモノグラフ的性格の強いものであった。

　この出版物は、好意的に受け入れられ、出版一年後には、ほぼ在庫が無くなっていた。10年以上経た現在でも、探求書として探しておられる方がいらっしゃるということで、トンボ屋冥利に尽きると同時に、十分な数を提供できなかったこと、および後継が現れなかったことを残念に思っている。

　10年以上の歳月を経て、『蝦夷乃蜻蛉』が取り持つ縁で知り合った、横山透より「改訂版」の構想を持ち込まれたが、個人的には、焼き直しでは駄目だという思いがあった。ほぼ同時に、沖縄でも大学の先輩である渡辺賢一氏を筆頭に、出版企画が進行するということで、「良いものをつくる」というコンセプトを維持しながら、もっと一般の方々にも受け入れてもらえる「図鑑」をつくることになった。北と南で、同時進行していく中、『沖縄のトンボ図鑑』製作チームの存在は、我々にとって、非常に大きな励みとなったことは、言うまでもない。

　今回、広瀬と伊藤に、あらたに横山を著者として加え、

より多くの方々に使い易いものを目指してつくられたのが、この『北海道のトンボ図鑑』である。今は、トンボに興味を持たない方でも、是非手にとってパラパラとめくって頂けたら、著者らにとってはなによりの幸せである。
　この企画の進行中である2005年に、埼玉県のトンボ屋である小林文雄氏の訃報が、伊藤のもとに届けられた。広瀬と伊藤にとっては、年代的に兄貴分的な存在であり、是非この図鑑を手にとって頂きたかった。故人のご冥福を心より祈るものである。

2007年2月
伊藤　智

お世話になった方々

　本書の出版にあたり、以下の方々に大変お世話になりました。この場を借りてお礼申し上げます。
池竹弘旭、大竹左紀斗、片島慕子、加納一信、喜多英人、杉村光俊、田中育実、土肥寿郎、新沼光太郎、平塚和弘、広瀬章子、藤林忠雄、逸見卓磨、堀　繁久、森　春美、山本亜生、横山彰人、吉田雅澄

目次

はじめに……………………2

北海道のトンボ相……………6
トンボという昆虫……………8
用語解説………………………14
本書の使い方…………………16

カワトンボ科
ミヤマカワトンボ……………18
ニホンカワトンボ……………20

アオイトトンボ科
アオイトトンボ………………22
エゾアオイトトンボ…………24
オオアオイトトンボ…………26
オツネントンボ………………28

モノサシトンボ科
モノサシトンボ………………30

イトトンボ科
マンシュウイトトンボ………32
アジアイトトンボ……………34
ルリイトトンボ………………36
クロイトトンボ………………38
オオイトトンボ………………40
セスジイトトンボ……………42
オゼイトトンボ………………44
エゾイトトンボ………………46
キタイトトンボ………………48
カラフトイトトンボ…………50
アカメイトトンボ……………52
カラカネイトトンボ…………54

ムカシトンボ科
ムカシトンボ…………………56

ヤンマ科
サラサヤンマ…………………58
コシボソヤンマ………………60
ミルンヤンマ…………………62
アオヤンマ……………………64
ルリボシヤンマ………………66
オオルリボシヤンマ…………68
イイジマルリボシヤンマ……70
マダラヤンマ…………………72
ギンヤンマ……………………74
クロスジギンヤンマ…………76

サナエトンボ科
ホンサナエ……………………78
モイワサナエ…………………80
コサナエ………………………82
コオニヤンマ…………………84

オニヤンマ科
オニヤンマ……………………86

エゾトンボ科

オオヤマトンボ……………88
エゾコヤマトンボ…………90
オオトラフトンボ…………92
カラカネトンボ……………94
ホソミモリトンボ…………96
クモマエゾトンボ…………98
コエゾトンボ………………100
モリトンボ…………………102
キバネモリトンボ…………102
タカネトンボ………………106
エゾトンボ…………………108
ハネビロエゾトンボ………110

トンボ科

ハラビロトンボ……………112
ヨツボシトンボ……………114
シオカラトンボ……………116
シオヤトンボ………………118
オオシオカラトンボ………120
コフキトンボ………………122
ミヤマアカネ………………124
ナツアカネ…………………126
アキアカネ…………………128
タイリクアカネ……………130
マユタテアカネ……………132
マイコアカネ………………134
ヒメアカネ…………………136

エゾアカネ…………………138
ムツアカネ…………………140
ヒメリスアカネ……………142
ノシメトンボ………………144
コノシメトンボ……………146
キトンボ……………………148
カオジロトンボ……………150
エゾカオジロトンボ………152

恒常的飛来種

ウスバキトンボ……………154

飛来・偶産種

ホソミオツネントンボ……156
モートンイトトンボ………157
カトリヤンマ………………158
オオギンヤンマ……………159
ナゴヤサナエ………………160
ショウジョウトンボ………161
タイリクアキアカネ………162
オナガアカネ………………163
チョウトンボ………………164
ハネビロトンボ……………165

トンボの生息環境…………166
トンボの見分け方…………172
和名索引……………………180
学名索引……………………180
参考文献……………………182

北海道のトンボ相

　北海道は日本列島の北端に位置し、津軽海峡によって本州と隔てられている。また、ロシア沿海地方とは日本海により、サハリンとは宗谷海峡により隔てられ、北部はオホーツク海、東南部は太平洋に囲まれた面積約83.5km^{2}の島嶼である。

　東経139°20'～148°53'、北緯41°21'～45°33'に位置し、亜寒帯気候帯の南限として、また温帯気候帯の北限として、冷涼で低湿な気候となっており、全面積の70％強は森林に覆われている。

　北海道のトンボ相は、冷涼な気候を反映して寒冷地系の種が多く見られるという特徴がある。代表的なものとしては、エゾイトトンボ属、ルリボシヤンマ属、エゾトンボ属、カオジロトンボ属などである。寒冷地系の種の多くは、ほとんどが大陸との共通種で、エゾアオイトトンボ、ゴトウアカメイトトンボ、キタイトトンボ、カラフトイトトンボ、イイジマルリボシヤンマ、コエゾトンボ、クモマエゾトンボ、エゾアカネ、エゾカオジロトンボは北海道を南限としている。アオイトトンボ、オツネントンボ、エゾイトトンボ、カラカネイトトンボ、ルリイトトンボ、マンシュウイトトンボ、ルリボシヤンマ、マダラヤンマ、カラカネトンボ、ホソミモリトンボ、エゾトンボ、モリトンボ（キバネモリトンボ）、オオトラフトンボ、ヨツボシトンボ、タイリクアカネ、ミヤマアカネ、ムツアカネ、カオジロトンボは、北海道を経由して本州まで分布を広げている。

　日本列島に固有な種としては、ミヤマカワトンボ、ニホンカワトンボ、オゼイトトンボ、オオイトトンボ、ムカシトンボ、オオルリボシヤンマ、ミルンヤンマ、コシボソヤンマ、サラサヤンマ、モイワサナエ、コサナエ、ホンサナエ、ハネビロエゾトンボ、タカネトンボ、アキアカネが挙げられるが、これらのうちオゼイトトンボ、オオルリボシヤンマ、モイワサナエ、コサナエ、ハネビロエゾトンボは

北方系の種と考えられる。

　オオアオイトトンボ、モノサシトンボ、クロイトトンボ、セスジイトトンボ、アジアイトトンボ、ギンヤンマ、アオヤンマ、コオニヤンマ、オニヤンマ、コヤマトンボ（エゾコヤマトンボ）、オオヤマトンボ、ハラビロトンボ、シオカラトンボ、シオヤトンボ、オオシオカラトンボ、コフキトンボ、ナツアカネ、リスアカネ（ヒメリスアカネ）、ノシメトンボ、コノシメトンボ、マユタテアカネ、マイコアカネ、ヒメアカネ、キトンボは国外にも分布し、本州を経由して北海道に分布を拡大したものと思われる。

　北海道に固有な種は存在しないが、エゾコヤマトンボ、ヒメリスアカネ、エゾカオジロトンボに関しては、多少なりとも分化が見られ、固有亜種とされている。

エゾトンボ

トンボという昆虫

トンボの仲間分け

　トンボは、原始的な昆虫の1グループで、細長い体と、4枚の大きな翅、比較的大きな複眼が大きな特徴となっており、トンボ目というグループにまとめられている。トンボ目は、さらに三つのグループに分けることができ、それぞれ均翅亜目、ムカシトンボ亜目、不均翅亜目と名づけられている。世界的には約5,000種が知られ、日本国内からは、国外からの飛来種を含めて200種ほどが記録されている。

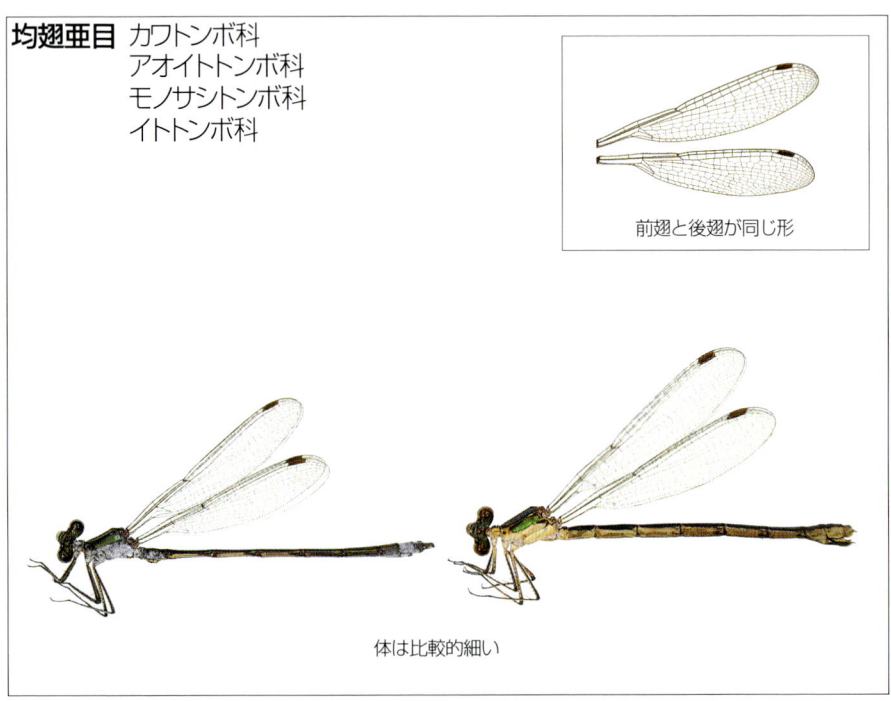

均翅亜目　カワトンボ科
　　　　　アオイトンボ科
　　　　　モノサシトンボ科
　　　　　イトトンボ科

前翅と後翅が同じ形

体は比較的細い

ムカシトンボ亜目 ムカシトンボ科

前翅と後翅の形が似ている

体は比較的太い

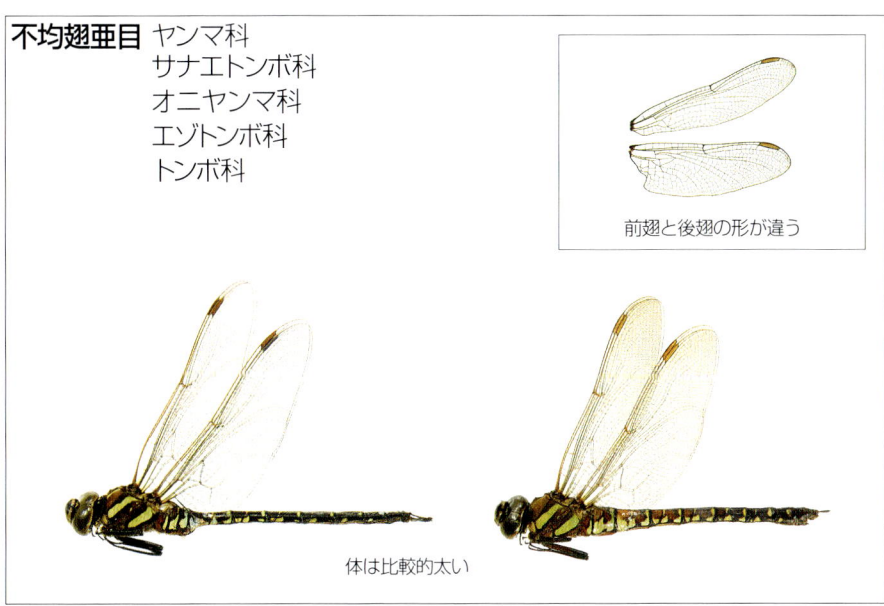

不均翅亜目 ヤンマ科
サナエトンボ科
オニヤンマ科
エゾトンボ科
トンボ科

前翅と後翅の形が違う

体は比較的太い

トンボの体

成虫の形態

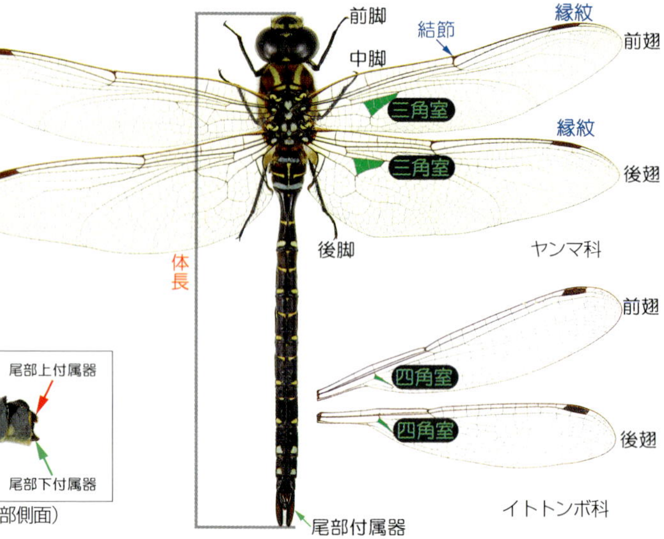

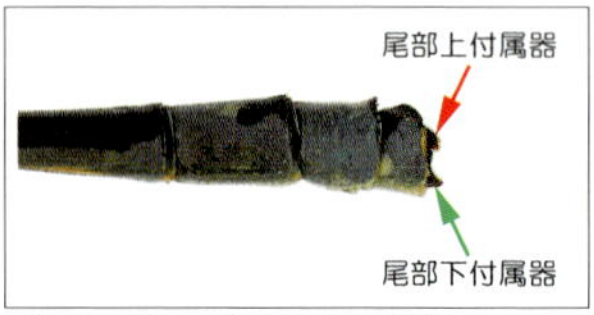

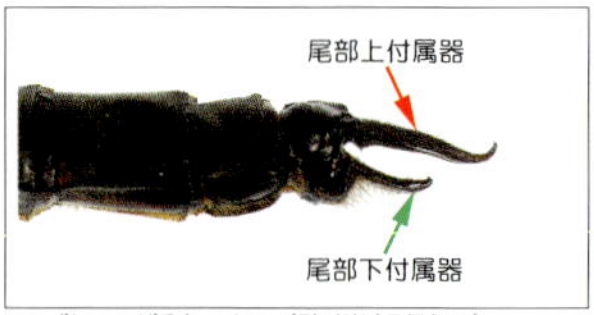

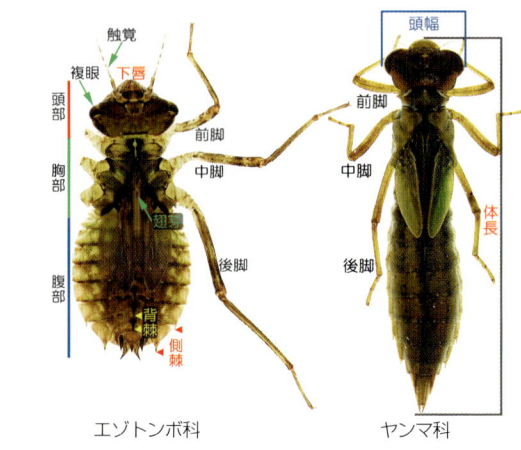

幼虫の形態

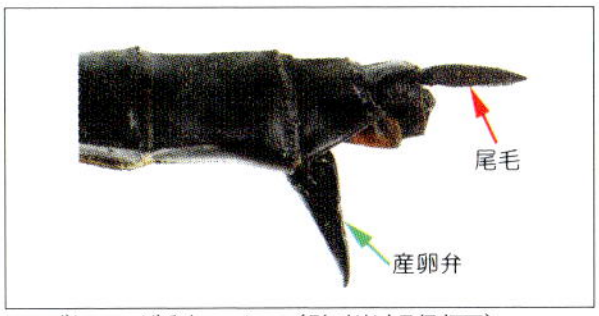

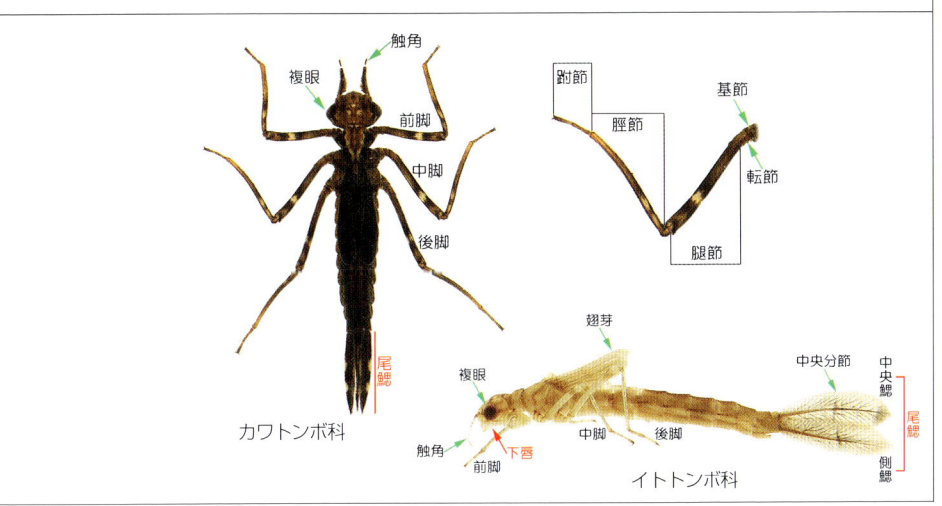

トンボの一生

トンボは、その翅を使って自由に空中を飛び回る飛翔の達人だが、幼虫は水中に住むため水生昆虫の一種である。トンボの一生の概要は、以下のとおり。

若齢・中齢幼虫

産卵痕

産卵

　トンボの産卵方式には、大きく二つの方式があり、ひとつは、均翅亜目、ムカシトンボ亜目、ヤンマ科などで見られるように、植物や土の中に卵を産みこむ方式で、もうひとつは、サナエトンボ科やトンボ科のように、卵を水中や、水辺などにばらまく方式。
　卵から孵化した幼虫は、水中で生活し、体の大きさに合わせて、ミジンコなどから小魚まで、他の生物を捕食して成長する。成長して終齢幼虫になり、十分に餌を食べたあと、水中から地上に上がり羽化をおこない、成虫になる。

終齢幼虫

ムカシトンボの一生

羽化

成虫

　トンボには、蛹（さなぎ）の時期はない。羽化には、殻の上に立ち上がる直立型と、後にのけぞる倒垂型がある。
　羽化直後の成虫は、体が柔らかく、色や模様も、あまりはっきりとしないことが多く、成熟までの期間を、多かれ少なかれ水辺から離れる種が多いことが知られている。成熟した雄は、水辺に戻って、パトロールをおこなったり、縄張りを持ったりして、雌の飛来を待ち、雌を見つけると連結後に交尾し、雌はその後に産卵をする。産卵の時には、雄が雌を警護する種もある。

用語解説

羽化うか…終齢幼虫が陸上にあがり、成虫に脱皮すること。

羽化殻うかがら…終齢幼虫が羽化して残った殻。主に水辺で見つけることができる。生息の証拠として、移動能力の高い成虫より重要である。

縁紋えんもん…翅の先端近くにある肥厚した部分で、大部分のトンボ類に見られる。カワトンボ科の一部では、縁紋のない種や、偽縁紋を持つ種もある。

下唇鰓かしんさい…幼虫の頭部下面にある折りたたみ式の口器の一部で、伸長して餌を捕らえる器官として特化している。

眼後斑（紋）がんこうはん（もん）…イトトンボ科成虫の複眼の後方にある斑紋。種の同定に用いられる。

偽縁紋ぎえんもん…縁紋に、中を横断する脈があるものを偽縁紋という。ミヤマカワトンボの雌などに見られる。

気管分岐きかんぶんき…イトトンボ科等の幼虫の尾鰓に見られる気管の発達状態。尾鰓の形状とともに、種の同定に利用される。

脚きゃく…脚は、前・中・後の3対、計6本あり、静止する際や、獲物を捕らえる時に役立つ。

胸部きょうぶ…胸部は、4枚の翅と6本の脚がある部分で、トンボ類の場合、翅を動かすための筋肉があることから、大きく発達している。

均翅亜目きんしあもく…カワトンボ科やイトトンボ科など、体がより細く、翅の基部（付け根）が前後翅とも細くなるグループ。

結節けっせつ…翅前縁の中ほどにある太短い横脈。

結節前横脈けっせつぜんおうみゃく…翅の基部から結節までの間にある横脈。分類に使われる。

後頭角こうとうかく…幼虫の後頭外縁部。種によって棘などの特徴が発現する。

三角室さんかくしつ…不均翅亜目の翅の基部近くにあり、翅脈で三角形に囲まれた部分。

産卵さんらん…雌の成虫が、交尾し卵を産むこと。産卵のための器官が、産卵管か産卵弁かにより、産卵方法が異なる。

産卵管さんらんかん…均翅亜目や、ムカシトンボ科、ヤンマ科の雌の腹端部にある器官で、植物や土の中などに卵を埋め込む時に役立つ。

産卵警護さんらんけいご…成虫の生殖行動で、交尾後に雄が雌の産卵を他の雄に邪魔されないよう警護すること。シオカラトンボ等に見られる。

産卵弁さんらんべん…不均翅亜目の多くの種に雌の腹端近くにあり、卵を放出する部分。

翅芽しが…幼虫の胸部背面にあり、羽化後に翅になる部分。幼虫の中期段階から確認できるようになる。

四角室しかくしつ…均翅亜目とムカシトンボ亜目の翅の基部近くにあり、翅脈で四角形に囲まれた部分。

翅脈しみゃく…翅に網の目のようにはりめぐらされた脈。グループによって一定のパターンがあり、分類に使われる。

終齢幼虫しゅうれいようちゅう…幼虫期間の最後の段階の幼虫のこと。その前の段階を亜終齢幼虫という。

植物組織内産卵しょくぶつそしきないさんらん…産卵の方法で、雌が産卵管を用いて直接植物の組織内部や泥土中などに産卵する方式。

生活史せいかつし…卵から幼虫期を経て成虫になり、生殖活動をおこない死亡するまでの生活の流れのこと。

成熟期せいじゅくき…体や複眼の色が十分に発色して、体も硬くなった状態。生殖行動をおこなう時期でもある。

摂食飛翔せっしょくひしょう…単独または集団で、林縁部などの一定の場所で飛翔しながら摂食活動をおこなっている状態。

前胸背板ぜんきょうはいばん…3節に分かれる胸部の最前節背面部分。イトトンボ科などで、形状や斑紋が種の判別に用いられる。

潜水産卵せんすいさんらん…雌単独または連結状態で水中に潜って産卵をおこなうこと。イトトンボ科やカワトンボ科で多く見られる。

挿泥産卵そうていさんらん…産卵の方法で、オニヤンマの雌など発達した産卵弁を直接泥などに挿入して産卵する方式。

側棘そくし（そくきょく）…幼虫腹部側面にある棘。種の同定に用いられる。

体長たいちょう…触角を除く、頭部の先端から腹端部までの長さのこと。

打空産卵だくうさんらん…産卵の方法で、雌が空中から腹部を上下に打ち振って産卵する方式。

打水産卵だすいさんらん…産卵の方法で、雌が水面に産卵弁を打ちつけて産卵する方式。

打泥産卵だでいさんらん…産卵の方法で、雌が泥面に産卵弁を打ちつけて産卵する方式。

単独産卵たんどくさんらん…雌の成虫が単独で産卵すること。多くのトンボ目がこの方法でおこなうが、同一個体で単独産卵も連結産卵もおこなう。

中央分節ちゅうおうぶんせつ…イトトンボ科の幼虫の尾鰓中央部に見られる切り欠き部分で、種によって明瞭度に差がある。

テリトリー…縄張りのこと。雄が雌と出会うために一定の範囲を占有し、他の雄から防衛する。従来、トンボ類はテリトリーを持つ昆虫とされてきたが、すべての種が必ずしも明瞭なテリトリーを持つわけではない。

頭部とうぶ…昆虫類の体は、頭部、胸部、腹部の大きく3つに分かれ、頭部は口や目などがある部分。トンボ類の場合、比較的大きな目(複眼)が大きな特徴。

頭幅とうふく…頭部の幅で、一番広い部分の長さをとる。幼虫各齢期の推定や、成虫の大きさを示す指標の一つとして用いられる。

トンボ目とんぼもく…目とは、分類単位のひとつで、大きなグループであることを示す。

背棘はいきょく…幼虫腹部背面にある棘。種の同定に用いられる。

薄暮活動性はくぼかつどうせい…日の出時や日没時などの照度の低い時間帯に活動すること。黄昏飛翔(たそがれひしょう)ともいう。ミルンヤンマやコシボソヤンマなど、主にヤンマ科で見られる。

尾鰓びさい…均翅亜目の幼虫腹部先端にある鰓。通常3枚あるが、欠損している場合も多い。

眉状斑紋びじょうはんもん…成虫の顔面に見られる眉状の斑紋で、マユタテアカネなどに見られ、種の同定時の指標になるが、個体変異も大きい。

尾部下付属器びかふぞくき…腹面側の尾部付属器で、均翅亜目とムカシトンボ亜目では1対、不均翅亜目では1片の後方に伸びた突起。尾部上付属器とともに、種の同定に重要である。

尾部上付属器びじょうふぞくき…背面側の尾部付属器で、1対の後方に伸びた突起からなる。形状が種の同定に重要である。

尾部付属器びぶふぞくき…雄の腹端にある突起で、種によって形が異なる。交尾に先立ち、雌の頭部や胸部を捉えるのに役立つ。

孵化ふか…幼虫が卵から脱出するときのこと。

不均翅亜目ふきんしあもく…ヤンマ科やトンボ科など、体がより太く、後翅の基部が広くなっているグループ。

腹部ふくぶ…腹部は、体の後部の細長い部分で、10節からなる。腹端には、雄では尾部付属器、雌では尾毛があり、分類に役立つ。

未熟期みじゅくき…成虫が、羽化後に成熟するまでの期間。体色が十分に発色していないことが多く、体は柔らかい。また、複眼も十分に色づいていない。このために、種の同定を間違う場合がある。

ムカシトンボ亜目むかしとんぼあもく…ムカシトンボのみが含まれ、体はより太く、翅の基部が前後翅ともに細くなる。

幼虫ようちゅう…卵から脱出して、水中で生活する時期のこと。ヤゴともいう。

幼虫期間ようちゅうきかん…孵化後から、羽化までの幼虫状態の期間。アカネ属の約2ヶ月からムカシトンボの7~8年まで種毎に違う。

卵越冬らんえっとう…産卵後年内に孵化しないで、卵の状態で冬を越すこと。越冬後の翌春に孵化する。

卵期間らんきかん…産卵後孵化するまでに要する期間。最短で5日程度から、越冬期間を挟んで数ヶ月かかるものもあり、種毎に異なる。

連結れんけつ…交尾前あるいは交尾後に、均翅亜目では雄が雌の前胸部を、ムカシトンボ亜目と不均翅亜目では雄が雌の頭部を尾部付属器で把握して雌雄が連なった状態のこと。

連結産卵れんけつさんらん…連結状態で産卵をおこなうこと。均翅亜目やトンボ科などで見られるが、ヤンマ科でもギンヤンマがおこなうことが知られている。

老熟ろうじゅく…終末期に達した成熟成虫の状態のこと。斑紋の退色、翅の破れなどが見られるようになり、行動も弱々しくなる。

本書の使い方

　本書は、北海道で記録されたトンボ土着種67種、飛来・偶産種11種、合計78種に関して記述している。土着種とは北海道に年間を通じて生息している種のこと、飛来・偶産種とは下記の条件にあてはまる種とした。

　　1.本来の分布域が北海道以外であることがわかっている種。
　　2.北海道内において越冬することが不可能と考えられている種。
　　3.確認記録が極端に少ない種。
　　4.最終確認記録後30年以上経過する種。

　ウスバキトンボは毎年北海道に飛来するが、秋期～春期において、北海道内での生活環が途切れるため恒常的飛来種として扱った。

●環境省（2006）改訂・日本の絶滅のおそれのある野生生物　レッドデータブックのカテゴリー
絶滅　EX…我が国ではすでに絶滅したと考えられる種
野生絶滅　EW…飼育・栽培下でのみ存続している種
絶滅危惧Ⅰ類　CR+EN…絶滅の危機に瀕している種
絶滅危惧ⅠA類　CR…ごく近い将来における絶滅の危険性が極めて高い種
絶滅危惧ⅠB類　EN…ⅠA類ほどではないが、近い将来における絶滅の危険性が高い種
絶滅危惧Ⅱ類　VU…絶滅の危険が増大している種
準絶滅危惧　NT…現時点では絶滅危険度は小さいが、生息条件の変化によっては「絶滅危惧」に移行する可能性のある種
情報不足　DD…評価するだけの情報が不足している種
絶滅のおそれのある地域個体群　LP…地域的に孤立している個体群で、絶滅のおそれが高いもの

●北海道（2001）北海道の希少野生生物　レッドデータブックのカテゴリー
絶滅　Ex…すでに絶滅したと考えられる種または亜種
野生絶滅　Ew…本道の自然界ではすでに絶滅したと考えられているが、飼育等の状態で生存が確認されている種または亜種
絶滅危機種　Cr…絶滅の危機に直面している種または亜種
絶滅危惧種　En…絶滅の危機に瀕している種または亜種
絶滅危急種　Vu…絶滅の危険が増大している種または亜種
希少種　R…存続基盤が脆弱な種または亜種（現在のところ、上位ランクには該当しないが、生息・生育条件の変化によって容易に上位ランクに移行する要素を有するもの）
地域個体群　Lp…保護に留意すべき地域個体群
留意種　N…保護に留意すべき種または亜種（本道においては個体群、生息生育ともに安定しており特に絶滅のおそれはない）

北海道の
トンボ図鑑

均翅亜目 カワトンボ科

アオイトトンボ科

モノサシトンボ科

イトトンボ科

ムカシトンボ亜目
ムカシトンボ科

不均翅亜目 ヤンマ科

サナエトンボ科

オニヤンマ科

エゾトンボ科

トンボ科

恒常的飛来種

飛来・偶産種

カワトンボ科 Calopterygidae
ミヤマカワトンボ
Calopteryx cornelia Selys

オス　　　メス

70mm

オス

形態：体長は約67〜73mmの大型のカワトンボで、雌雄ともに体には金属緑色の光沢があり、翅が赤橙色をしているが、雄の翅の色が濃い。終齢幼虫は、体長36mm・頭幅4.7mm内外で、ニホンカワトンボよりかなり大型なので区別は容易である。
分布：ほぼ北海道全域に記録があるが、産地は局所的。
成虫の出現時期：6月下旬〜9月上旬
指定区分：環境省RDB：指定なし
　　　　　北海道RDB：指定なし

幼虫

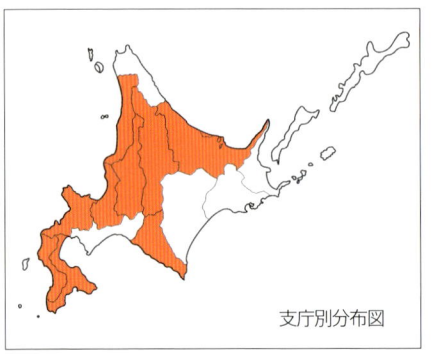

支庁別分布図

生態：平地から低山地の河川の上中流域に生息し、雄成虫は、よく川の石などに止まり雌のくるのを待っている。雌は単独で水中の朽木や水生植物の茎に産卵し、その際潜水産卵がよく見られる。幼虫は川淵の岩の間やオーバーハングしている岸辺の樹木の根などにつかまり生活している。幼虫で越冬しているが、卵期間・幼虫期間などの生活史は不明である。

オス

産卵

カワトンボ科 Calopterygidae
ニホンカワトンボ
Mnais costalis SELYS

	1	2	3	4	5	6	7	8	9	10	11	12月
標高					高山	山地			低山地	丘陵地	平地	
環境	止水		湿原	池沼	湿地							
流水							上中流					

54mm

形態：体長は約48〜60mmで、体に金緑色の光沢があり、雄は成熟すると体に粉をまとう。雄の翅は橙色と透明の2タイプがあり、雌は透明タイプのみ出現する。終齢幼虫は、体長24mm・頭幅4.4mm内外で、黄褐色から黒褐色で、がっしりした体型をしている。
分布：ほぼ北海道全域に生息する。
成虫の出現時期：6月上旬〜8月中旬
指定区分：環境省RDB：指定なし
　　　　　北海道RDB：指定なし

オス（橙色型）

幼虫

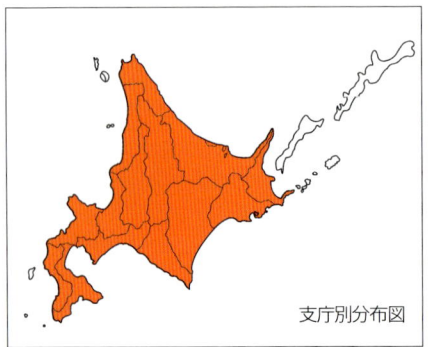

支庁別分布図

カワトンボ科 ニホンカワトンボ

交尾

メス

産卵

生態：平地から低山地の河川の上中流域に生息し、成熟すると橙色翅雄は水域でテリトリーを張り、透明翅雄は水域周辺で雌を待つ。雌は単独で流水中の朽木や水生植物に産卵する。卵期間は約20日で、幼虫で2回越冬する。生活史は2年。

アオイトトンボ科 Lestidae
アオイトトンボ
Lestes sponsa (Hansemann)

1	2	3	4	5	6	7	8	9	10	11	12月

標高	高山	山地	低山地	丘陵地	平地
環境	止水	湖	池沼	湿地	
	流水				

形態：体長は約38〜43mmで、体の胸部・腹部背面は金緑色、胸部側面後半が黄色をしている。成熟すると黄色部に粉をまとう。終齢幼虫は、体長18mm・頭幅4mm内外の大型のイトトンボ幼虫で、体色は褐色から黒褐色、アオイトトンボ科4種は尾鰓の形状・斑紋で区別する。
分布：北海道全域に記録があり、普通種。
成虫の出現時期：7月上旬〜10月下旬
指定区分：環境省RDB：指定なし
　　　　　　北海道RDB：指定なし

メス（未熟）

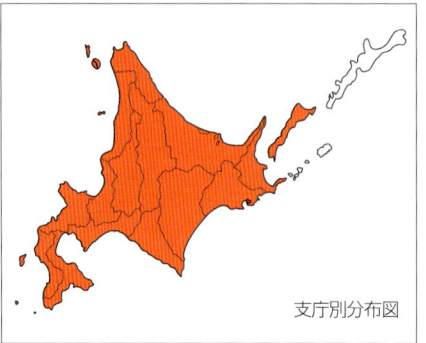

支庁別分布図

幼虫

オス

交尾

潜水産卵

生態：平地から山地の湖沼から湿原までの広い環境に生息している。産卵は連結または単独で水生植物の茎に産卵する。卵で越冬し翌春に孵化後、幼虫期間は2〜3ヶ月の短期間で、8月頃に羽化する。生活史は1年。

アオイトトンボ科　アオイトトンボ

アオイトトンボ科 Lestidae
エゾアオイトトンボ
Lestes dryas KIRBY

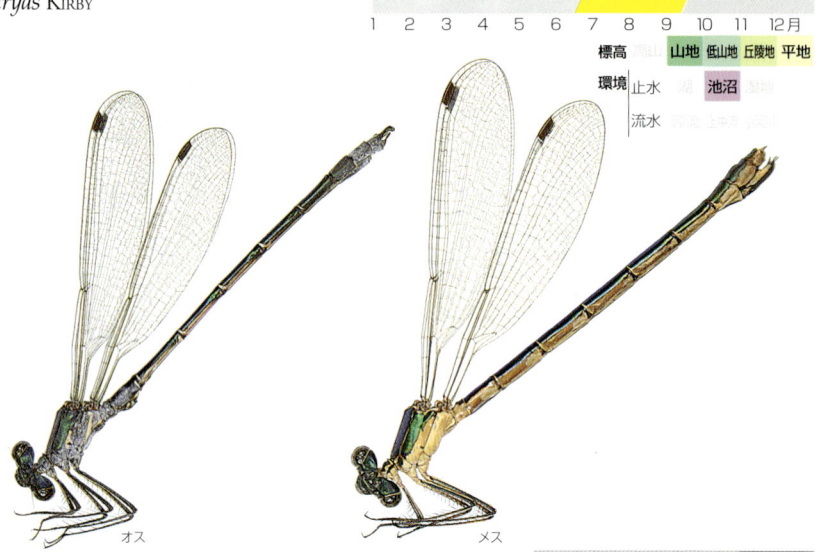

38mm

形態：体長は約35〜41mmで、アオイトトンボに非常によく似ているが、翅の縁紋が太短かく、雄は尾部付属器の形で、雌は産卵管が腹端より長いことで区別できる。終齢幼虫は、体長18mm・頭幅4mm内外の大型のイトトンボ幼虫で、体色は黒褐色、尾鰓の先端がやや下向きに曲がり鋭くとがる。
分布：ほぼ北海道全域に記録があるが、道東、道北では稀。
成虫の出現時期：6月中旬〜9月中旬
指定区分：環境省RDB：指定なし
　　　　　　北海道RDB：指定なし

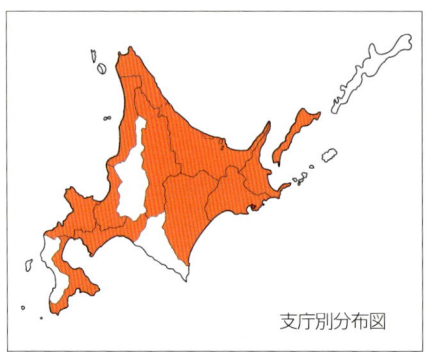

支庁別分布図

幼虫

アオイトンボ科　エゾアオイトンボ

オス

生態：平地から山地のやや暗い池沼に生息する。アオイトンボと混棲するが、出現時期が本種の方が早い。産卵は連結または単独で水生植物の茎に産卵するが、アオイトンボにくらべ本種の方が表皮の硬い植物を好む。卵で越冬し翌春に孵化後、幼虫期間は2～3ヶ月の短期間で、7月中旬頃に羽化する。生活史は1年。

交尾　産卵

アオイトトンボ科 Lestidae
オオアオイトトンボ
Lestes temporalis SELYS

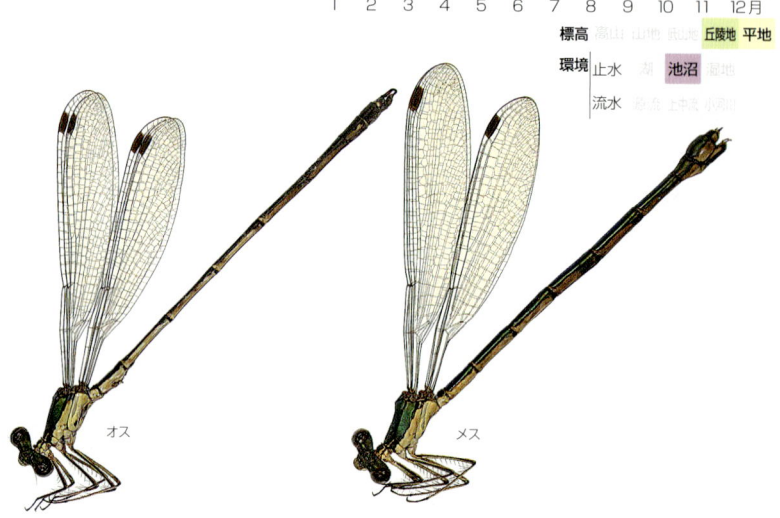

	1	2	3	4	5	6	7	8	9	10	11	12月

標高　高山　山地　低山地　丘陵地　平地
環境　止水　　　　　　　池沼
流水

45mm

形態：体長は約42〜48mm、アオイトトンボより一回り大型で、成熟しても胸部に粉をまとわない。雄は腹部第10節だけ粉をふき、尾部下付属器は外側へ曲がる。雌は産卵管の腹部第8・9節が大きく膨らむことで他種と区別できる。終齢幼虫は、体長18mm・頭幅4mm内外の大型のイトトンボ幼虫で、体色は黒褐色、尾鰓の黒条斑紋が他種とくらべ明瞭。
分布：道南、道央に記録があり、産地は限られる。
成虫の出現時期：8月中旬〜10月上旬
指定区分：環境省RDB：指定なし
　　　　　北海道RDB：希少種R

オス

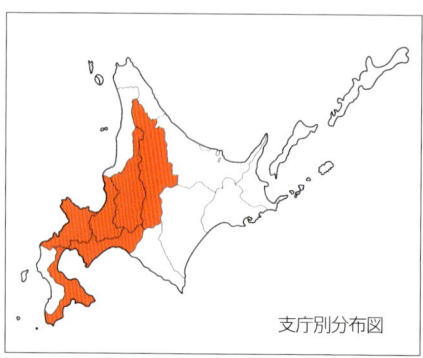

支庁別分布図

幼虫

アオイトンボ科　オオアオイトンボ

産卵

生態：平地から丘陵地の樹木に囲まれた池沼に生息している。アオイトンボ属3種の中では一番遅く出現し晩秋まで生き残っている。産卵は連結して水面に突き出た樹木の樹皮下に夜間から翌朝にかけて多く見られる。卵で越冬し翌春に孵化後、幼虫期間は2〜3ヶ月の短期間で、8月中旬頃に羽化する。生活史は1年。

連結

メス

アオイトトンボ科 Lestidae
オツネントンボ
Sympecma paedisca (Brauer)

オス　　　　　　　　　　メス
35.5mm

形態：体長は約34〜37mmで、全身が褐色をしており、背面に銅色の斑紋がある。雌雄ともに同様の体色斑紋をしており、越冬後の体色の変化がない。翅を4枚合わせると縁紋が前後翅でずれる。終齢幼虫は、体長17mm・頭幅3.8mm内外で、アオイトトンボ属3種よりやや小さい、体色は褐色から茶褐色、尾鰓の先端は丸い。
分布：ほぼ北海道全域に記録がある。
成虫の出現時期：9月上旬〜8月上旬（成虫越冬）
指定区分：環境省RDB：指定なし
　　　　　北海道RDB：指定なし

メス

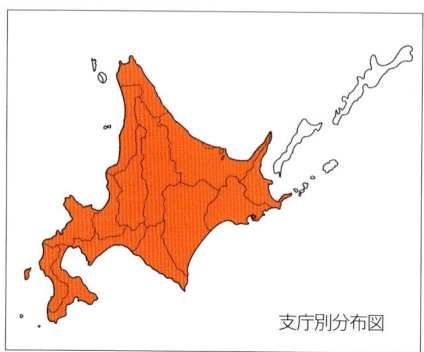
支庁別分布図

幼虫

アオイトンボ科　オツネントンボ

オス

産卵

生態：平地から丘陵地の湖沼や池に生息している。成虫で越冬し冬期でも気温が高い日には活動する。産卵は連結または単独で水生植物の茎に産卵する。成虫で越冬し、春期に産卵後9〜13日で孵化する。幼虫は2〜3ヶ月の短期間で成長し秋までに羽化する。生活史は1年。

モノサシトンボ科 Platycnemididae
モノサシトンボ
Copera annulata (SELYS)

| 1 | 2 | 3 | 4 | 5 | 6 | 7 | 8 | 9 | 10 | 11 | 12月 |

標高　丘陵地　平地
環境　止水　池沼
流水

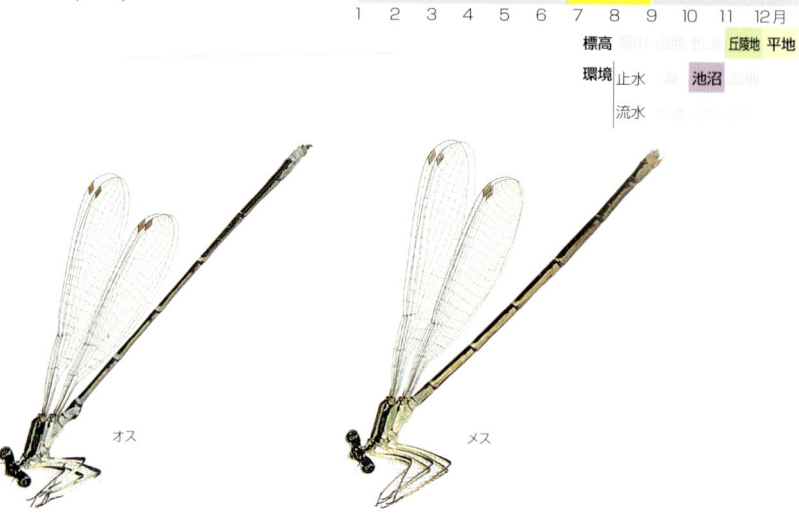

46.5mm

形態：体長は約43〜50mmの大型のイトトンボで、雌雄ともに黒色の地色があり、成熟すると淡色部は雄が淡青色に、雌は淡黄緑色となる。終齢幼虫は、体長15mm・頭幅3.3mm内外と成虫の大きさにくらべて小さく、体色は黒褐色から茶褐色、尾鰓は体長の半分近くの長さがあり、幼虫の形態は特異で区別は容易。
分布：ほぼ北海道全域に記録があるが、道東、道北は稀。
成虫の出現時期：6月下旬〜9月上旬
指定区分：環境省RDB：指定なし
　　　　　　北海道RDB：指定なし

交尾

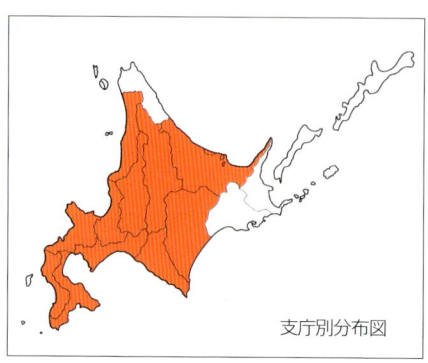

支庁別分布図

幼虫

生態：平地から丘陵地の池沼に生息し、羽化直後の未熟成虫は水域周辺の草むらでよく見られる。産卵は連結して植物組織内におこなう。卵期間は約10日で、孵化後秋まで成長し、幼虫で越冬後の初夏に羽化する。生活史は1年。

イトトンボ科 Coenagrionidae
マンシュウイトトンボ
Ischnura elegans elegans (Van der Linden)

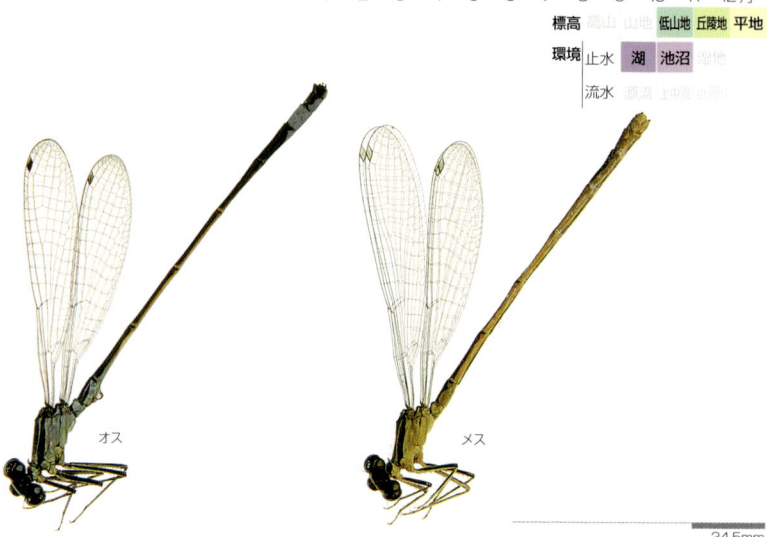

オス　　メス

34.5mm

形態：体長は約32〜37mmのイトトンボで、雄は腹部第8節背面に青色斑紋がある。雌は雄と同色と黄緑色の2タイプが基本で、他の橙色や紫色などのタイプは未熟から成熟への体色変化と考えられる。終齢幼虫は、体長17mm・頭幅3.3mm内外で、尾鰓の形状はアジアイトトンボに似るがより幅広い。
分布：道東および利尻島など局地的に記録がある。
成虫の出現時期：6月下旬〜9月上旬
指定区分：環境省RDB：準絶滅危惧種NT
　　　　　　北海道RDB：希少種R

オス

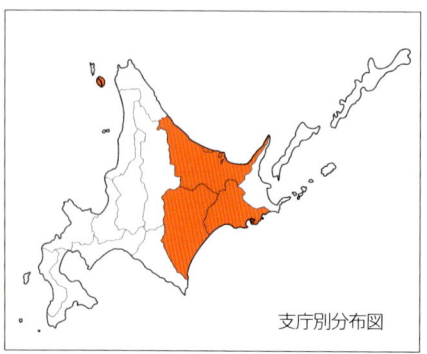

支庁別分布図

幼虫

交尾（メス黄緑色型）

産卵

交尾（オス型メス）

生態：平地から低山地のアシなどの水生植物が繁茂する池沼、湖に生息している。成虫は岸辺のアシ周辺で生活し、雌は単独で植物組織内に産卵する。卵期間は約10日で、孵化後秋まで成長し、幼虫で越冬後の翌春に羽化する。生活史は1年。

イトトンボ科　マンシュウイトトンボ

イトトンボ科 Coenagrionidae
アジアイトトンボ
Ischnura asiatica (Brauer)

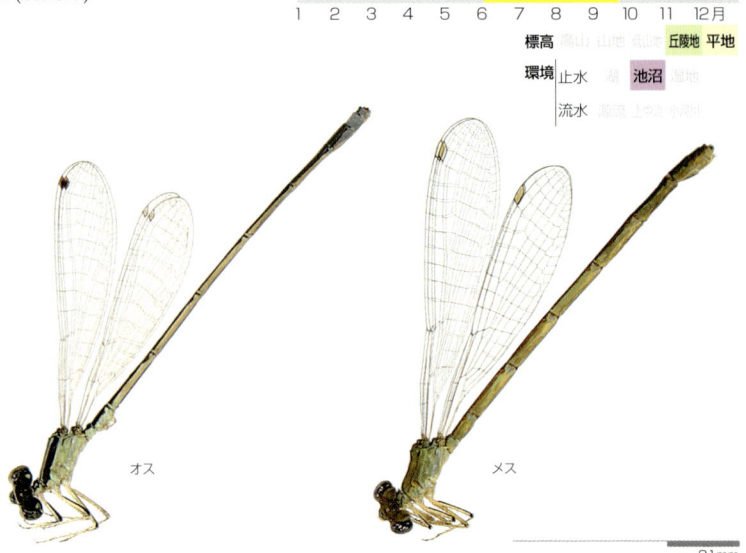

オス　メス

31mm

形態：体長は約29〜33mmの小型のイトトンボで、雄は胸部が緑色、腹部第8節背面は黒色をしている。雌は未熟時は橙色で、成熟すると緑色となる。終齢幼虫は、体長13mm・頭幅3mm内外で、体色は淡褐色から茶褐色、尾鰓の形状は細長く先端が鋭く尖る。
分布：ほぼ北海道全域に記録があるが、道東、道北は稀。
成虫の出現時期：6月上旬〜9月下旬
指定区分：環境省RDB：指定なし
　　　　　　北海道RDB：指定なし

メス

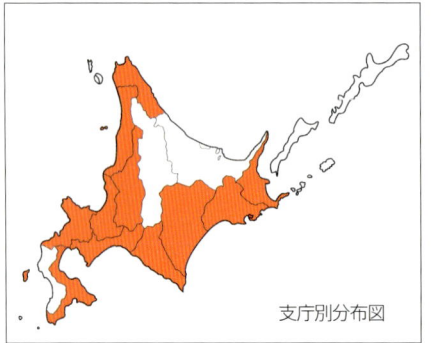

支庁別分布図

幼虫

オス

交尾

生態：平地から丘陵地の池沼に生息し、雌は単独で植物組織内に産卵する。北海道では出現のピークが初夏と秋に見られるが、これは幼虫の成長のばらつきによるもの。卵期間は約10日で、幼虫で越冬し、生活史は1年と推測される。

産卵

メス（未熟）

イトンボ科　アジアイトンボ

イトトンボ科 Coenagrionidae
ルリイトトンボ
Enallagma circulatum S<small>ELYS</small>

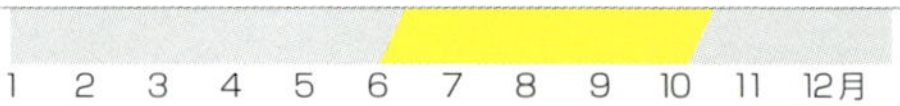

オス 　メス
31mm

形態：体長は約33～36mmのがっちりした体型のイトトンボで、雄は体のほとんどが鮮やかな青色で腹部第2節の斑紋は小さなスペード形である。雌は黄緑色と青色の2タイプがある。カラフトイトトンボに似るが、眼後紋が半円形であり縁紋が黒色であることで区別できる。終齢幼虫は、体長17mm・頭幅3.5mm内外で、体色は茶褐色から黒褐色、尾鰓は葉状で中央部が一番幅広く先端部は尖る。中央部より先端部にかけ1～3個の褐色条がある。

分布：北海道全域に記録があり、普通種。
成虫の出現時期：6月上旬～10月上旬
指定区分：環境省RDB：指定なし
　　　　　　北海道RDB：指定なし

オス

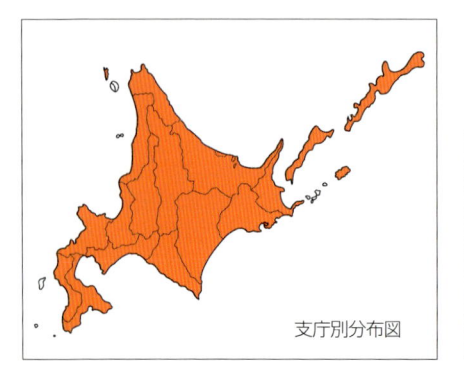

支庁別分布図

幼虫

交尾

オス

生態：平地から高山の池沼、湖沼や市街地の人工池など広範囲な環境に生息し、産卵は連結および単独で植物組織内におこなう。卵期間は約15日で、孵化後秋まで成長し、幼虫で越冬後の翌春に羽化する。生活史は1年。

潜水産卵

メス（青色型）

イトトンボ科　ルリイトトンボ

イトトンボ科 Coenagrionidae
クロイトトンボ
Paracercion calamorum calamorum (Ris)

1　2　3　4　5　6　7　8　9　10　11　12月

標高　高山　山地　低山　丘陵地　平地
環境　止水　湖　池沼　湿地
　　　流水　渓流　上流　中流

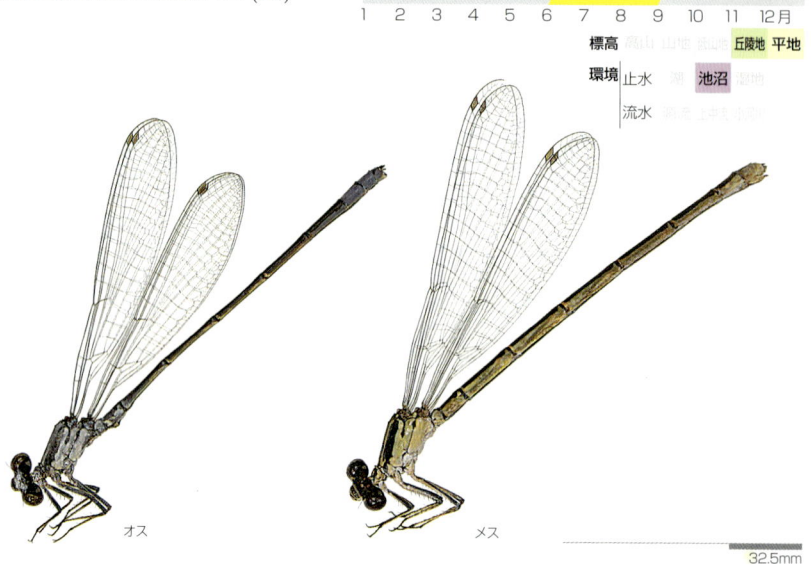

オス　　メス　　32.5mm

形態：体長は約30〜35mmのイトトンボで、成熟雄は黒青色の粉をふき他種と区別できる。雌は同属他種にくらべて黒みがつよく、青色と褐色の２タイプがあるが北海道では褐色タイプが多い。終齢幼虫は、体長18mm・頭幅3.5mm内外の典型的なイトトンボ幼虫で、尾鰓の3個の褐色斑が明瞭な個体が多いが、変異がある。クロイトトンボ属3種の幼虫の区別は難しい。
分布：北海道全域に記録があり、普通種。
成虫の出現時期：6月上旬〜9月上旬
指定区分：環境省RDB：指定なし
　　　　　　北海道RDB：指定なし

オス

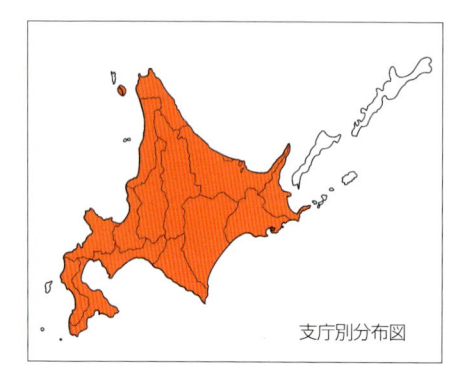

支庁別分布図

幼虫

連結

交尾

生態：平地から丘陵地の池沼に幅広く生息し、産卵は連結して植物組織内におこない雌単独での産卵はすくない。卵期間は約13日で、孵化後秋まで成長し、幼虫で越冬後の翌春に羽化する。生活史は1年。

潜水産卵

イトトンボ科　クロイトトンボ

イトトンボ科 Coenagrionidae
オオイトトンボ
Paracercion sieboldii (SELYS)

|1|2|3|4|5|6|7|8|9|10|11|12月|

標高　　丘陵地　平地
環境　止水　池沼
流水

オス　　メス

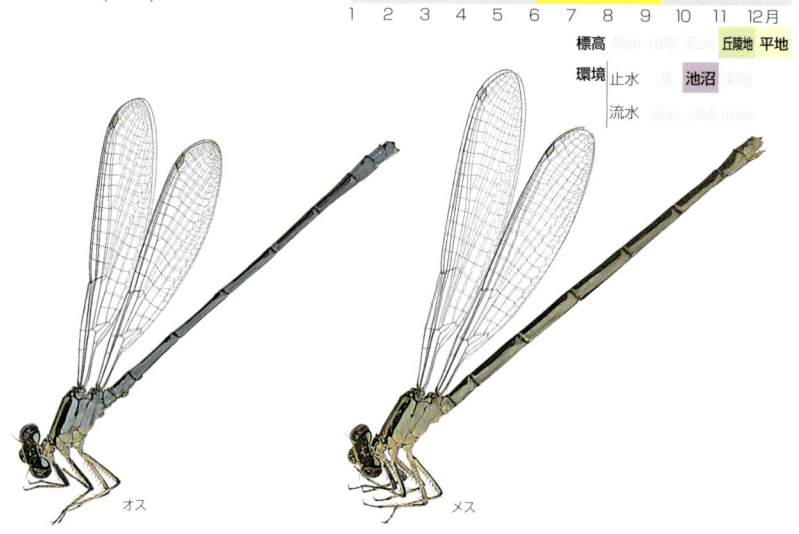

36mm

形態：体長は約34〜38mmのイトトンボで、成熟雄はセスジイトンボとよく似ているが、成熟すると背胸が黄緑色となるので区別できる。雌は胸部、腹部が黄緑色になる。終齢幼虫は、体長16mm・頭幅3.5mm内外で、体色は変異があり、尾鰓の褐色斑は不明瞭。

分布：道南、道央を中心に記録があり、道北、道東では稀。

成虫の出現時期：6月上旬〜9月中旬

指定区分：環境省RDB：指定なし
　　　　　　北海道RDB：希少種R

オス

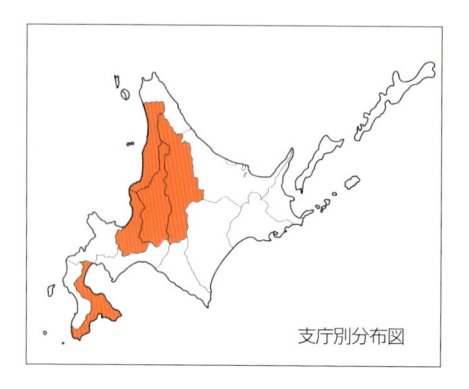

支庁別分布図

幼虫

メス

オス

生態：平地から丘陵地の池沼に生息し、産卵は連結して植物組織内におこなう。卵期間は9～22日（本州）で、孵化後秋まで成長し、幼虫で越冬後の翌春に羽化する。生活史は1年。

交尾

イトトンボ科　オオイトトンボ

イトトンボ科 Coenagrionidae
セスジイトトンボ
Paracercion hieroglyphicum (BRAUER)

	1	2	3	4	5	6	7	8	9	10	11	12月

標高　高山　山地　低山地　丘陵地　平地
環境　止水　湖　池沼　湿地
　　　流水　渓流　上流　中流・下流

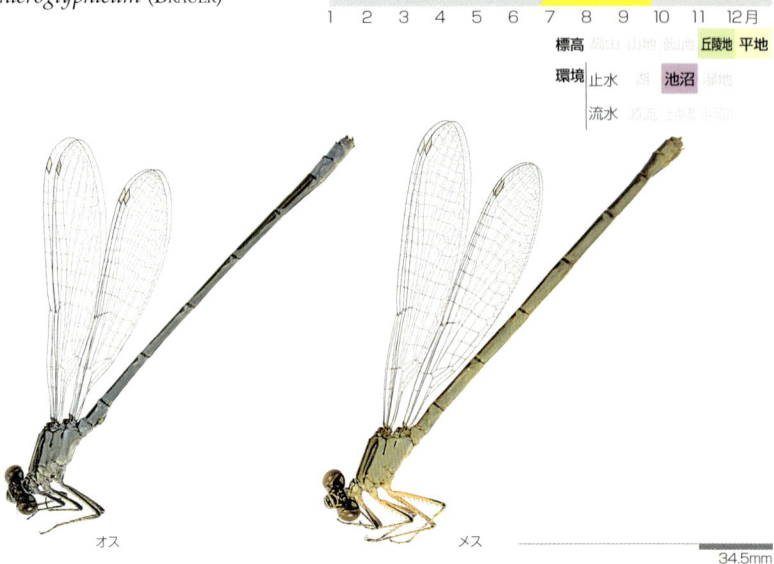

オス　　メス　　34.5mm

形態：体長は約30〜39mmのイトトンボで、雄はオオイトトンボとよく似ているが、肩の黒条の中に線状斑紋があり区別できる。雌は黄緑色で雄より一回り大きく、背面黒条がはっきりした線状斑紋となり他のイトトンボ雌との区別が容易である。終齢幼虫は、体長18mm・頭幅3.3mm内外で、尾鰓は前2種とくらべて細長く短い。
分布：道南、道央、道東に記録があり、局地的。
成虫の出現時期：6月下旬〜9月下旬
指定区分：環境省RDB：指定なし
　　　　　　北海道RDB：希少種R

オス

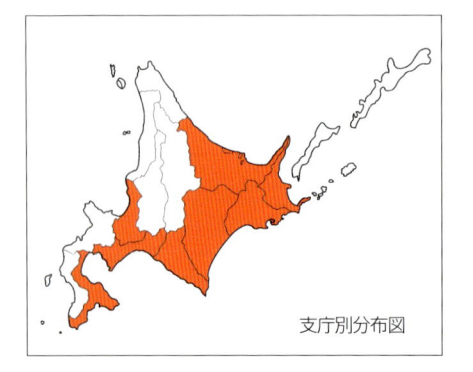

支庁別分布図

幼虫

42

メス

オス

生態：平地から丘陵地の池沼に生息し、産卵は連結して植物組織内におこなう。卵期間は8〜30日（本州）で、孵化後秋まで成長し、幼虫で越冬後の翌春に羽化する。生活史は1年。

交尾

イトトンボ科 Coenagrionidae
オゼイトトンボ
Coenagrion terue (Asahina)

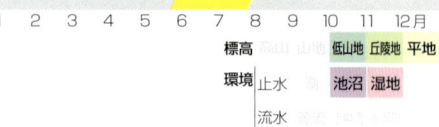

1	2	3	4	5	6	7	8	9	10	11	12月

標高	高山	山地	低山地	丘陵地	平地

環境	止水		池沼	湿地
	流水			

オス 　　メス

37mm

形態：体長は約35〜39mmの細身のイトトンボで、雄は淡青色で腹部背面に黒条があり、腹部第2節の斑紋は大きなワイングラス形である。雌は黄緑色と青色の2タイプがある。終齢幼虫は、体長14mm・頭幅3.3mm内外で、体色は淡褐色から茶褐色、尾鰓は柳葉状であるが、エゾイトトンボより尖らず、中央分節も不明瞭、頭部の後頭角が張り出している。
分布：道南、道央を中心にほぼ全域に記録があるが、道北、道東では稀。
成虫の出現時期：5月下旬〜7月下旬
指定区分：環境省RDB：指定なし
　　　　　　北海道RDB：指定なし

オス

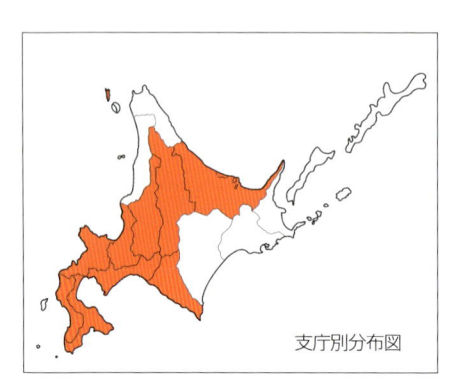

幼虫

支庁別分布図

連結

メス

イトトンボ科　オゼイトトンボ

生態：平地から丘陵地の池沼、湿地に生息し、産卵は連結および単独で植物組織内におこなう。幼虫は浅い水域の泥中に生息する。卵期間は約15〜17日で、孵化後秋まで成長し、幼虫で越冬後の翌春に羽化する。生活史は1年。

イトトンボ科 Coenagrionidae
エゾイトトンボ
Coenagrion lanceolatum Selys

| 1 | 2 | 3 | 4 | 5 | 6 | 7 | 8 | 9 | 10 | 11 | 12月 |

標高　高山　山地　低山地　丘陵地　平地
環境　止水　湖　池沼　湿地
　　　流水

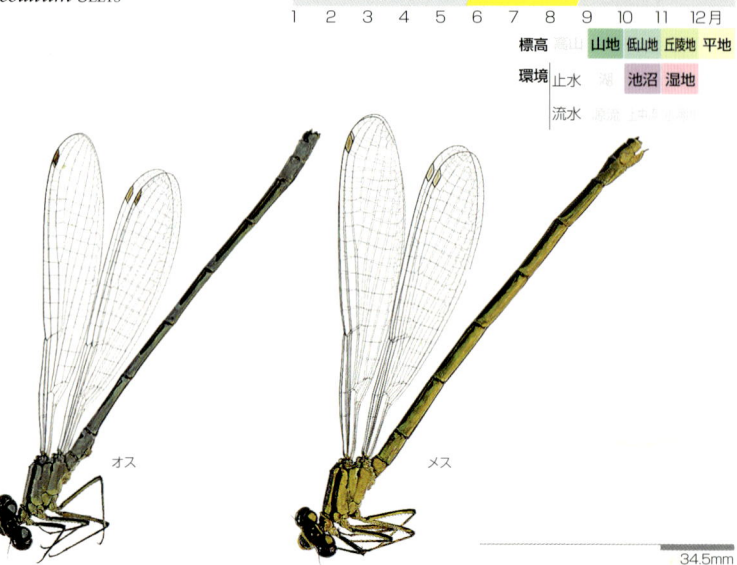

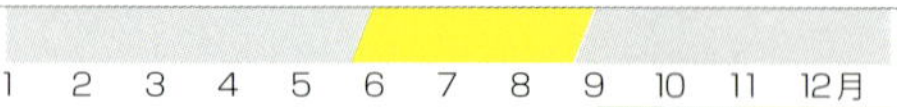

オス　メス
34.5mm

形態：体長は約32〜37mmのイトトンボで、成熟雄は黒地に青色斑紋があり、腹部第2節の斑紋はスペード形である。雌は黄緑色と青色の2タイプがある。終齢幼虫は、体長15mm・頭幅3.4mm内外で、体色は黒褐色から茶褐色で尾鰓の形状は通常柳葉状で先端がとがる。中央分節が肉眼でも明瞭で、先端にかけて一回り細くなるが、変異も多い。
分布：北海道全域に記録があり、普通種。
成虫の出現時期：5月下旬〜8月下旬
指定区分：環境省RDB：指定なし
　　　　　　北海道RDB：指定なし

オス

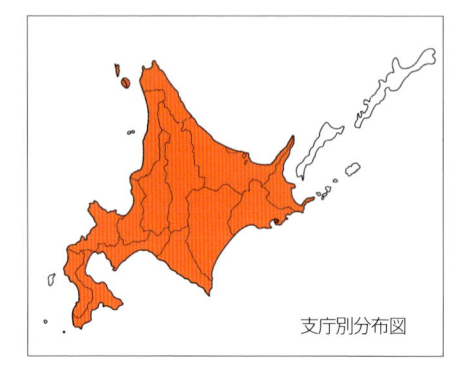

支庁別分布図

幼虫

連結（メス黄緑色型）

産卵（メス青色型）

生態：平地から山地の池沼、湿原や湖沼などの広範囲な環境に広く生息している。産卵は連結および単独で植物組織内におこなう。卵期間は約12日で、孵化後秋まで成長し、幼虫で越冬後春に羽化する。生活史は1年。

潜水産卵

産卵

イトトンボ科　エゾイトトンボ

イトトンボ科 Coenagrionidae
キタイトトンボ
Coenagrion ecornutum (SELYS)

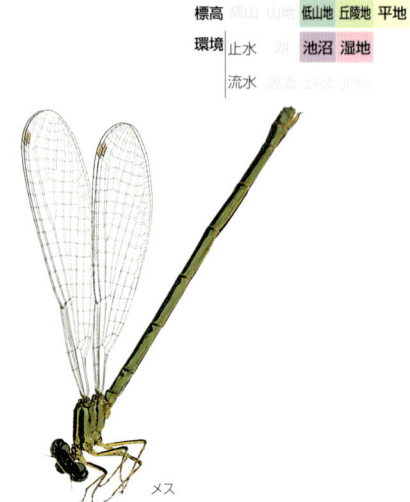

標高		環境	止水	池沼	湿地

1 2 3 4 5 6 7 8 9 10 11 12月

オス / メス / 30mm

形態：体長は約27〜33mmの小型のイトトンボで、雄は胸部が黄緑色で腹部が青色となり、腹部第2節の斑紋はワイングラス形である。雌は黄緑色と青色の2タイプがある。終齢幼虫は、体長12mm・頭幅3mm内外とやや小型で、体色は淡褐色の個体が多い。尾鰓は前2種より短く先端近くが膨らむ。中央分節は不明瞭。
分布：ほぼ北海道全域に記録があるが、道南では大沼公園の記録のみ。
成虫の出現時期：6月中旬〜9月中旬
指定区分：環境省RDB：指定なし
　　　　　　北海道RDB：指定なし

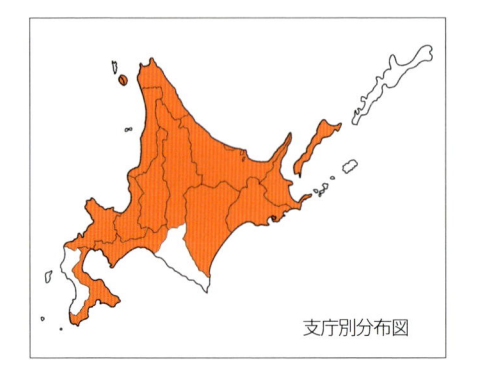

オス

支庁別分布図

幼虫

イトンボ科　キタイトトンボ

産卵

生態：平地から低山地の池沼、湿原に生息している。産卵は連結および単独で植物組織内におこなう。卵期間は10〜14日で、孵化後秋まで成長し、幼虫で越冬後の翌春に羽化する。生活史は1年。

連結（メス黄緑色型）

メス　　　　　連結（メス青色型）

49

イトトンボ科 Coenagrionidae
カラフトイトトンボ
Coenagrion hylas (Trybom)

| 1 | 2 | 3 | 4 | 5 | 6 | 7 | 8 | 9 | 10 | 11 | 12月 |

標高　　　　　　　　　　　丘陵地　平地
環境　止水　　　　池沼　湿地
　　　流水

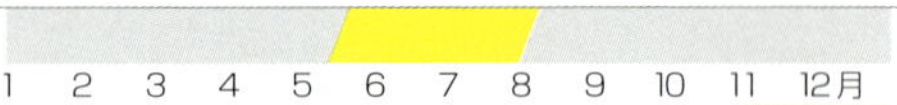

オス　　　　　メス

39mm

形態：体長は約37～41mmのやや大型のイトトンボで、雌雄ともに黒斑が広く、雄は濃青色、雌は雄と同じ濃青色型と緑型の2タイプある。ルリイトトンボと似ているが、眼後紋がほぼ円型であることで区別できる。終齢幼虫は、体長15mm・頭幅3.5mm内外で、体色は淡褐色から茶褐色、尾鰓はエゾイトトンボ属中もっとも細長く、気管分枝が発達せず不明瞭。
分布：道東、道北に記録があるが、産地は局地的。
成虫の出現時期：5月中旬～8月上旬
指定区分：環境省RDB：絶滅危惧Ⅰ類CR+EN
　　　　　　北海道RDB：絶滅危惧種Vu

オス

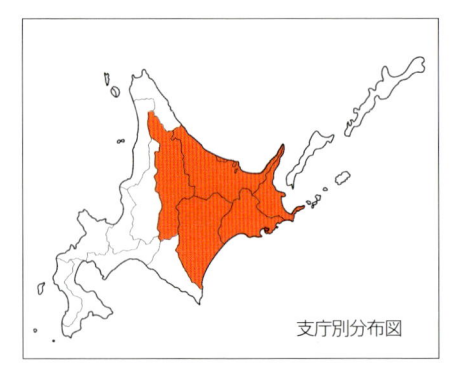

支庁別分布図

幼虫

交尾

羽化

生態：平地から丘陵地の林で囲まれた池沼や湿原のゆるやかな流れの川および湧水の池に生息している。成虫は晴れた日の午前中によく活動するが、それ以外は水辺付近の林縁、樹上で生活している。産卵は連結および単独で植物組織内におこなう。卵期間は約12日で、孵化後秋まで成長し、幼虫で越冬後の翌春に羽化する。生活史は1年。

メス

イトトンボ科　カラフトイトトンボ

イトトンボ科 Coenagrionidae
アカメイトトンボ
Erythromma humerale Selys

|1|2|3|4|5|6|7|8|9|10|11|12月|

標高 高山 山地 低山地 丘陵地 平地
環境 止水 湖 池沼
流水

オス　メス

33.5mm

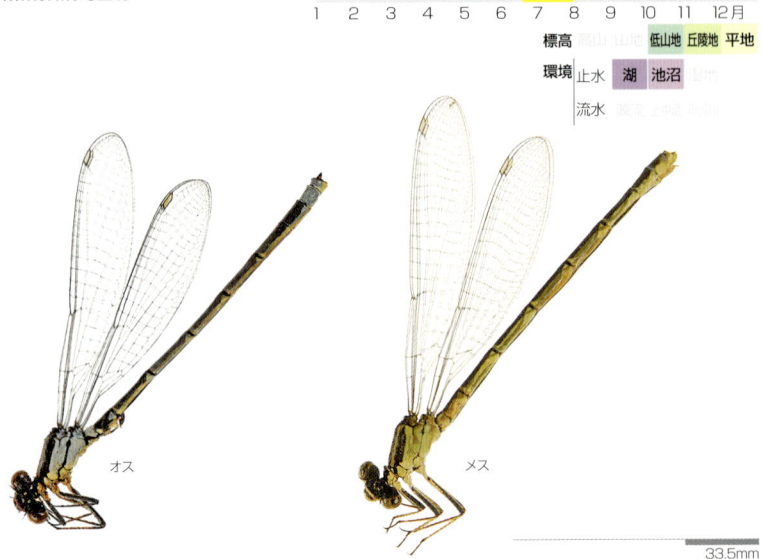

形態：体長は約32〜35mmで、クロイトトンボに似ているが、雄は複眼が赤く、眼後紋が非常に小さいかないことで区別できる。雌は黄色で成熟すると薄く粉をまとう。終齢幼虫は、体長20mm・頭幅3.2mm内外で、尾鰓の形状はクロイトトンボ属に似るが、中央分節が比較的明瞭である。
分布：道東、道北に記録がある。
成虫の出現時期：6月下旬〜8月上旬
指定区分：環境省RDB：準絶滅危惧種NT
　　　　　　北海道RDB：絶滅危惧種Vu

オス（未熟）

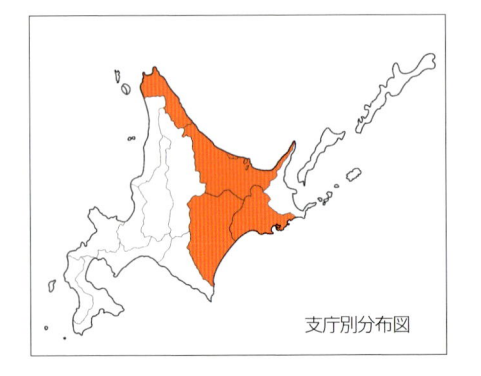

支庁別分布図

幼虫

イトンボ科　アカメイトンボ

連結

生態：平地から低山地の湖、池沼に生息し、幼虫は水中の藻などの水生植物につかまり生活している。成虫は連結して沖合いの水草に産卵し、ときには潜水産卵をおこなう。卵期間は約13日で、幼虫で越冬し、生活史は1年と推測される。

オス

交尾

潜水産卵

53

イトトンボ科 Coenagrionidae
カラカネイトトンボ
Nehalennia speciosa (CHARPENTIER)

オス　メス　26.5mm

形態：体長は約25〜28mmの小型のイトトンボで、成熟するにつれて複眼の色や体色など変化に富む。雌雄ともに成熟すると胸部と腹部背面を中心に金緑色となり、さらに老熟すると茶褐色となる。終齢幼虫は、体長8mm・頭幅2.5mm内外と北海道産では最小で、体色は漆黒、尾鰓は比較的短く、全体的に頭部が大きく区別は容易。
分布：ほぼ北海道全域に記録があるが、産地は局地的。
成虫の出現時期：6月下旬〜9月中旬
指定区分：環境省RDB：準絶滅危惧種NT
　　　　　北海道RDB：希少種R

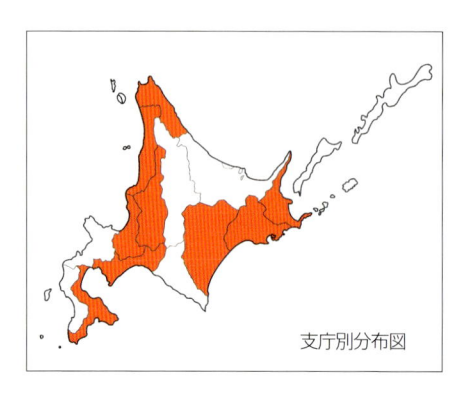

産卵

支庁別分布図

幼虫

オス

メス（未熟）

生態：平地から低山地の高層湿原に生息し、幼虫はミズゴケの根際の水深の浅い泥中でよく見つかる。産卵は連結および単独で植物組織内におこなう。卵期間は約14日で、孵化後秋まで成長し、幼虫で越冬後の翌春に羽化する。生活史は1年。

メス

交尾

イトトンボ科　カラカネイトトンボ

ムカシトンボ科 Epiophlebiidae
ムカシトンボ
Epiophlebia superstes (SELYS)

1 2 3 4 5 6 7 8 9 10 11 12月

標高 高山 山地 低山地 丘陵地
環境 止水 潭 池沼 湿地
　　 流水 源流

オス　　メス

52mm

形態：体長は約48〜56mmのトンボで、翅は均翅類、体は不均翅類と中間的な体型をして寸胴で毛深い。体色は黒色地に胸部と腹部に黄色の斑紋がある。終齢幼虫は、体長22mm・頭幅6.3mm内外で、体色は淡褐色から黒色、体は硬く腹部側面にやすり状の発音器官がある。
分布：ほぼ北海道全域に記録があるが、産地は限られる。
成虫の出現時期：5月下旬〜7月中旬
指定区分：環境省RDB：指定なし
　　　　　　北海道RDB：留意種N

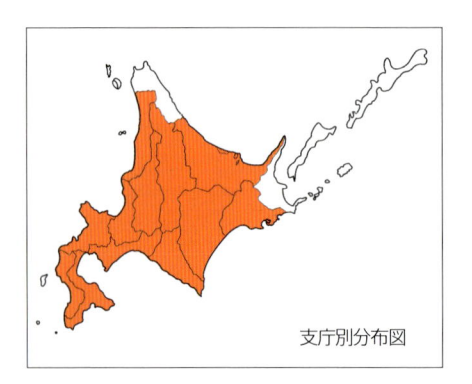

オス

幼虫

支庁別分布図

ムカシトンボ科 ムカシトンボ

産卵

羽化

生態：丘陵地から低山地の河川源流域に生息している。成虫は未熟期によく林道上で摂食活動が見られ、成熟すると雄は河川で探雌飛翔をおこなう。雌は川岸に生えるフキなどに植物組織内産卵をおこなう。幼虫は川底の石などにつかまり、カワゲラなどの水生昆虫をエサとし生活している。卵は22～60日で孵化し、幼虫で越冬する。幼虫期間は長く、生活史は7～8年を要する。

終齢幼虫

産卵痕

57

ヤンマ科 Aeshnidae
サラサヤンマ
Sarasaeschna pryeri (Martin)

オス

メス

60.5mm

オス

幼虫

形態：体長は約59～62mmの小型のヤンマで黒地に黄色の斑紋があり、成熟雄は斑紋が緑色になり、雌は翅の基部と先端にかけて黄斑がある。複眼は緑色。幼虫は特異な形態をしている。
分布：道南、道央、道東に記録があるが、局所的。
成虫の出現時期：6月下旬～8月下旬
指定区分：環境省RDB：指定なし
　　　　　北海道RDB：希少種R

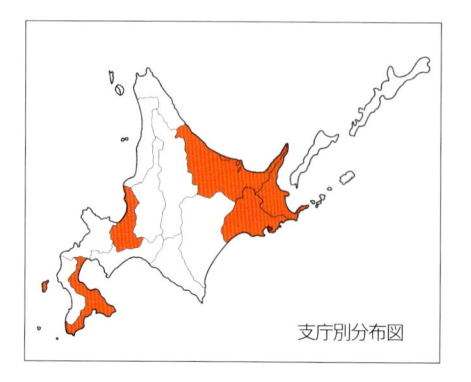

支庁別分布図

メス

生態：平地から丘陵地の湿地に生息し、雄成虫は湿地付近の林道や空き地での摂食活動がよく見られ、湿地のほとんど水のない干上がった場所で雌をさがす。雌は単独で朽木や泥中に産卵する。幼虫は湿地内の倒木や落ち葉などの下に潜って生活する。卵期間は44〜65日で、幼虫で数回越冬し、生活史は2〜3年と推定される。

産卵　　　オス

ヤンマ科　サラサヤンマ

ヤンマ科 Aeshnidae
コシボソヤンマ
Boyeria maclachlani (Selys)

| 1 | 2 | 3 | 4 | 5 | 6 | 7 | 8 | 9 | 10 | 11 | 12月 |

標高　　　　　　　　　　　　　　丘陵地
環境　止水
　　　流水　　　　　　　　上中流　小河川

オス　　　メス

81mm

形態：体長は約79〜83mmの大型のヤンマで、体色は雌雄とも褐色地に黄色の斑紋があり、上から見ると腹部第3節が大きくくびれ名前の由来となっている。複眼は雄は青緑色、雌はオリーブ色をしている。雄の翅端は成熟すると褐色斑があらわれる。終齢幼虫は、体長40mm・頭幅9.5mm内外の大型のヤゴで、体色は黒褐色から黒色、複眼の張り出しがつよく、後頭角に顕著な突起があり、側棘が腹部第4〜9節にある。
分布：道南、道央と日高支庁に記録がある。
成虫の出現時期：7月下旬〜8月下旬
指定区分：環境省RDB：指定なし
　　　　　　北海道RDB：指定なし

オス

幼虫

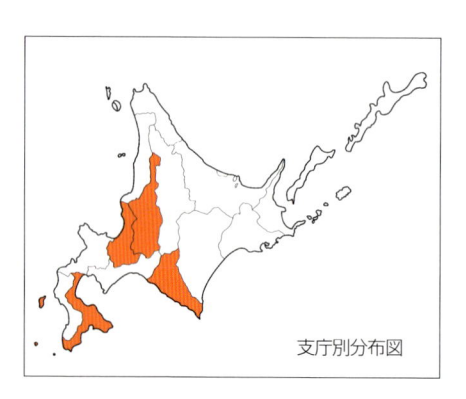

支庁別分布図

生態：丘陵地の樹林に囲まれた河川に生息し、黄昏飛翔性のトンボで、成熟雄は早朝と夕方に河川上を往復飛翔し雌をさがす。雌は単独で川岸の朽木や生木、泥中に産卵する。卵で越冬し翌春に孵化後、幼虫で2回越冬する。生活史は3年。

ヤンマ科　コシボソヤンマ

ヤンマ科 Aeshnidae
ミルンヤンマ
Planaeschna milnei (Selys)

標高	低山地	丘陵地
環境	止水
流水	源流	上中流	小河川

オス / メス

72mm

形態：体長は約70〜74mmの中型のヤンマで雌雄ともに黒地に黄色の斑紋がある。成熟による体色の変化はなく、複眼は青緑色となる。終齢幼虫は、体長35mm・頭幅8mm内外の中型のヤゴで、体色は黒褐色、同じく流水に生息するコシボソヤンマとくらべ小型で、側棘が腹部第4節にないことで区別できる。
分布：道南と日高の様似に記録がある。
成虫の出現時期：8月上旬〜9月中旬
指定区分：環境省RDB：指定なし
　　　　　　北海道RDB：希少種R

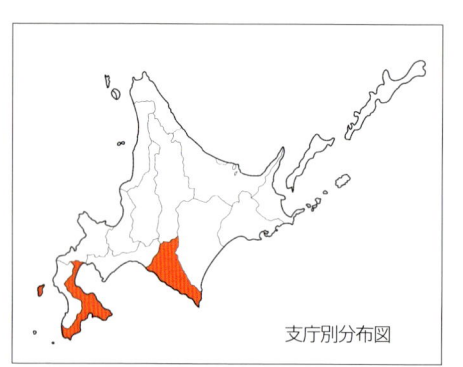

オス

幼虫

支庁別分布図

生態: 丘陵地から低山地の河川に生息し、成虫は黄昏飛翔性で、成熟雄は早朝と夕方に河川上を往復飛翔し雌をさがす。雌は単独で川岸の朽木に産卵する。卵で越冬し翌春に孵化後、さらに幼虫で2回越冬して4年で成虫になる。

ヤンマ科 Aeshnidae
アオヤンマ
Aeschnophlebia longistigma Selys

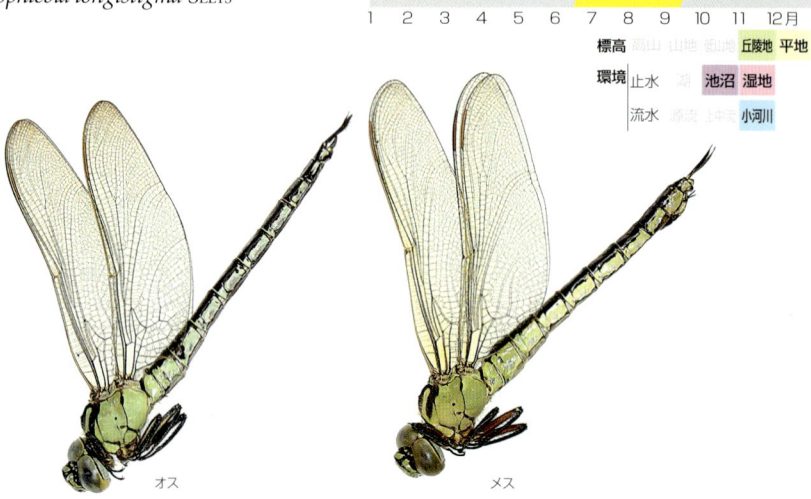

	1	2	3	4	5	6	7	8	9	10	11	12月
標高	高山	山地	低山地							丘陵地	平地	
環境	止水				池沼	湿地						
	流水	源流	上中流		小河川							

オス　　　　　　　　　　　メス

69.5mm

形態：体長は約65～74mmの中型のヤンマで、体型は寸胴で、体色は緑色地に胸部全面と腹部背面に黒条がある。雄は成熟すると濃緑色、雌は黄緑色となる。複眼は青緑色。終齢幼虫は、体長40mm・頭幅8.5mm内外で、体色は茶褐色から淡褐色、頭部が逆台形をしている。
分布：道南、道央に記録があるが、局所的。
成虫の出現時期：6月中旬～9月中旬
指定区分：環境省RDB：指定なし
　　　　　　北海道RDB：絶滅危急種Vu

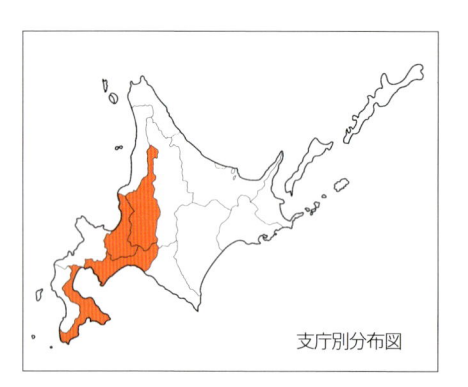

オス

幼虫

支庁別分布図

64

オス

メス

生態：平地から丘陵地の水生植物が豊富な池沼、溝川に生息している。成虫は水辺付近の草むらや林縁に静止し、成熟雄は草むらの中をぬうように飛び雌をさがす。雌は単独で水生植物の組織内に産卵する。幼虫は、水生植物につかまって生活している。卵期間は14日、生活史は本州では1年の場合が多いが、道内では多くは2年を要する。

ヤンマ科　アオヤンマ

ヤンマ科 Aeshnidae
ルリボシヤンマ
Aeshna juncea (Linnaeus)

オス　　メス

79.5mm

形態：体長は約75～84mmの大型の典型的なヤンマで、雄は腹部に黄緑色斑紋があり、雌は腹部斑紋が黄緑色と青色の2タイプがある。寒冷地の雄個体で稀に青色のタイプがでる。終齢幼虫は、体長40mm・頭幅9mm内外で、体色は茶褐色から黒褐色、オオルリボシヤンマによく似ており、下唇の先端が中肢の基部にとどかないことや腹部第6節の側棘が痕跡程度で小さいことで区別できる。
分布：ほぼ北海道全域に記録があり、普通種。
成虫の出現時期：7月中旬～10月中旬
指定区分：環境省RDB：指定なし
　　　　　北海道RDB：指定なし

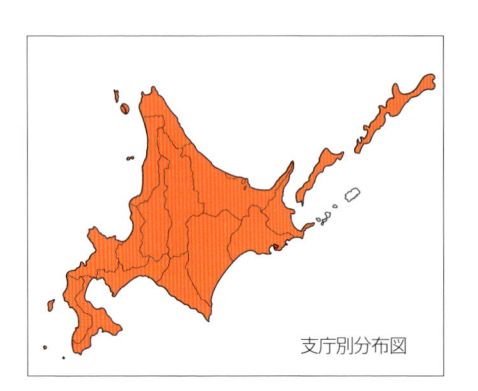

羽化

幼虫

支庁別分布図

オス

生態：平地から高山の水生植物が繁茂した池沼、湿地に生息し、オオルリボシヤンマとくらべ小規模の暗い水域を好み、雌は単独で水生植物の組織内や木片などに産卵する。卵で越冬し翌春に孵化後、幼虫で2〜3回越冬し、生活史は3〜4年。

産卵（メス黄緑色型）

産卵（メス青色型）

オス（青色型）

ヤンマ科　ルリボシヤンマ

ヤンマ科 Aeshnidae
オオルリボシヤンマ
Aeshna nigroflava MARTIN

	1	2	3	4	5	6	7	8	9	10	11	12月
標高							高山	山地	低山地	丘陵地	平地	
環境							止水	湖	池沼	湿地		
							流水	河川	上中流	小川		

オス　　　　　メス

81mm

形態：体長は約76〜86mmの大型のヤンマで、成熟雄の斑紋はルリボシヤンマより大柄で青みがつよく飛翔時は青色がめだつ。雌は腹部斑紋が黄緑色と青色の2タイプがある。体長40mm・頭幅9mm内外で、体色は茶褐色から黒褐色、ルリボシヤンマとくらべ、下唇が長いことや腹部第6節の側棘が明瞭であることで区別できる。

分布：ほぼ北海道全域に記録があり普通。

成虫の出現時期：6月下旬〜9月下旬

指定区分：環境省RDB：指定なし
　　　　　　北海道RDB：指定なし

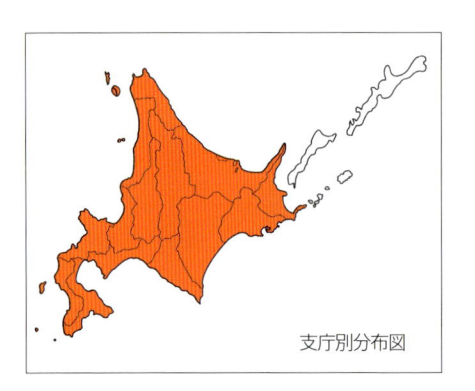

オス

幼虫

支庁別分布図

メス

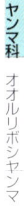

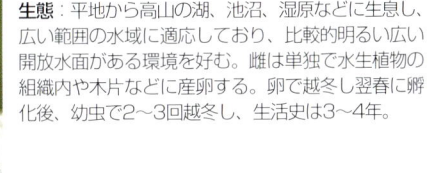

産卵(メス青色型)

生態：平地から高山の湖、池沼、湿原などに生息し、広い範囲の水域に適応しており、比較的明るい広い開放水面がある環境を好む。雌は単独で水生植物の組織内や木片などに産卵する。卵で越冬し翌春に孵化後、幼虫で2〜3回越冬し、生活史は3〜4年。

産卵(メス黄緑色型)

ヤンマ科　オオルリボシヤンマ

ヤンマ科 Aeshnidae
イイジマルリボシヤンマ
Aeshna subarctica Walker

	1	2	3	4	5	6	7	8	9	10	11	12月
標高							高山	山地	低山地	丘陵地	平地	
環境	止水									湿地		
	流水											

オス　　　　メス

70.5mm

形態：体長は約66〜75mmの中型のヤンマで、ルリボシヤンマより一回り小型でよく似ている。雌雄ともに体色が黄緑色から青色まで変化に富む斑紋をしている。雌は腹部斑紋が黄緑色と青色の2タイプがある。ルリボシヤンマとは胸部斑紋と尾毛が長いことで区別できる。終齢幼虫は、体長35mm・頭幅8mm内外のルリボシヤンマより一回り小型で、体色は茶褐色から黒褐色、同属他種とは側棘が第7〜9節にしかないことで区別できる。
分布：主として道東、道北に記録があり、産地は局所的。
成虫の出現時期：7月中旬〜10月上旬
指定区分：環境省RDB：準絶滅危惧NT
　　　　　　北海道RDB：希少種R

オス

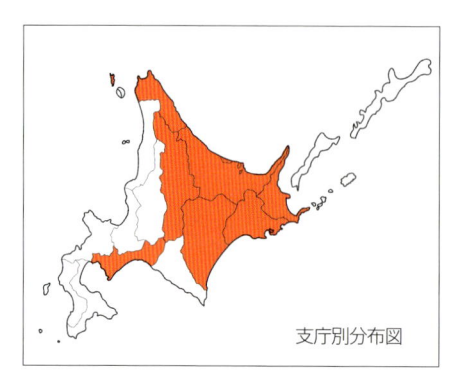

幼虫

支庁別分布図

産卵（メス黄緑色型）

産卵（メス茶褐色型）

生態：平地から高地の主に湿原に生息し、成熟雄は晴天時に湿地上を広範囲にわたり飛翔し雌をさがす。雌はスゲなどが密生する環境を好み、単独で水生植物の組織内に産卵する。卵で越冬し翌春に孵化後、幼虫で2～3回越冬し、生活史は3～4年と推測される。

オス

メス

ヤンマ科　イイジマルリボシヤンマ

ヤンマ科 Aeshnidae
マダラヤンマ
Aeshna mixta soneharai ASAHINA

	1	2	3	4	5	6	7	8	9	10	11	12月
標高										丘陵地	平地	
環境	止水							池沼				
	流水											

オス　メス

67mm

形態：体長は約65～69mmの小型のヤンマで、成熟雄は腹部斑紋が瑠璃色となり美麗種、雌は腹部斑紋が黄緑色と青色の2タイプがあるが、青色タイプの雌は北海道では少ない。終齢幼虫は、体長35mm・頭幅8mm内外で、体色は茶褐色、同属他種とはひと回り小型で、側棘が第6～9節にあることで区別できる。

分布：道南、道央と日高から十勝沿岸にかけて記録があり、産地は局所的。

成虫の出現時期：8月上旬～10月中旬

指定区分：環境省RDB：指定なし
　　　　　北海道RDB：希少種R

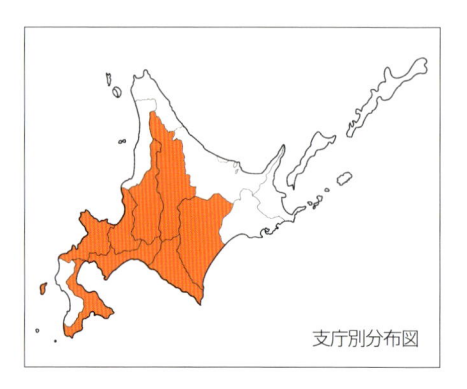

オス

幼虫

支庁別分布図

交尾(メス青色型)

交尾(メス黄緑色型)

生態：平地から丘陵地、溝川、海岸部の汽水域の水生植物の繁茂した池沼に生息し、成熟雄はアシやフトイを好みよく静止している。成熟雄は水草の間をぬうように飛翔し雌をさがす。雌は単独で水生植物の組織内に産卵する。卵で越冬し翌春に孵化する。幼虫期間は約3ヶ月で、生活史は1年。

オス

産卵

ヤンマ科　マダラヤンマ

ヤンマ科 Aeshnidae
ギンヤンマ
Anax parthenope julius Brauer

オス　　　メス

77mm

形態：体長は約74〜80mmの大型のヤンマで、体色は雌雄ともに胸部が緑色、腹部は雄は青色、雌は緑色と青色の2タイプがある。複眼は緑色。終齢幼虫は、体長45mm・頭幅9mm内外の大型のヤゴで、体色は淡褐色から淡緑色、頭部が丸く、脚が長いことで混棲するオオルリボシヤンマと区別できる。
分布：ほぼ北海道全域に記録があるが、道北は稀。
成虫の出現時期：6月下旬〜9月中旬
指定区分：環境省RDB：指定なし
　　　　　北海道RDB：指定なし

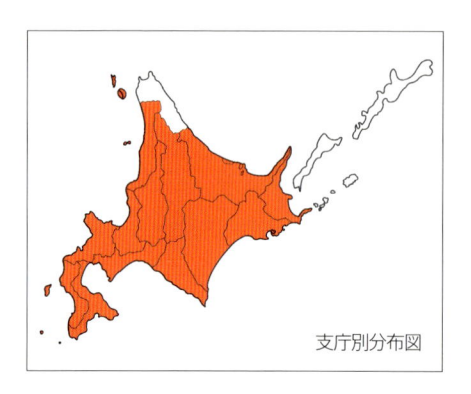

幼虫

支庁別分布図

単独産卵

ヤンマ科　ギンヤンマ

生態：平地から丘陵地の水生植物が多い湖、池沼に生息し、成熟雄は広い範囲を雌をさがして飛翔し、雌は単独または連結して植物組織内に産卵する。卵期間は約10日、成長にばらつきがあるが幼虫で越冬し、道内では生活史に1年を要する。

オス　　メス

75

ヤンマ科 Aeshnidae
クロスジギンヤンマ
Anax nigrofasciatus nigrofasciatus Oguma

| 1 | 2 | 3 | 4 | 5 | 6 | 7 | 8 | 9 | 10 | 11 | 12月 |

標高　丘陵地　平地
環境　止水　池沼
　　　流水

オス　メス

73.5mm

形態：体長は約70～77mmの大型のヤンマで、雌雄とも胸部に2本の黒条があり、雄の腹部は黒地に鮮やかな青色の斑紋がある。雌の腹部は、黒地に黄色から黄緑色の斑紋がある。幼虫の判別は、ギンヤンマに酷似しており区別は難しい。
分布：道南の渡島支庁で最近記録されたのみ。
成虫の出現時期：7月上旬～9月中旬
指定区分：環境省RDB：指定なし
　　　　　　北海道RDB：指定なし

幼虫

支庁別分布図

産卵

生態：2001年に初めて渡島支庁で成虫が記録され、その後幼虫も含めて連続して確認されており、最近定着したものと考えられる。本書では土着種として扱った。平地から丘陵地の比較的水生植物がある池沼に生息し、ギンヤンマとくらべて狭小な水域にも適応している。雌は単独または連結して植物組織内に産卵する。本州では卵期間は10〜14日、幼虫で越冬し、生活史は1年。

羽化

交尾

ヤンマ科　クロスジギンヤンマ

サナエトンボ科 Gomphidae
ホンサナエ
Gomphus postocularis SELYS

オス メス

51mm

形態：体長は約49～53mmの中型のサナエトンボで、がっちりした体型をしている。黒地に黄色の斑紋があり、雄は成熟にしたがい黄色が薄くなる。複眼は緑色をしている。終齢幼虫は、体長28mm・頭幅5.8mm内外の中型ヤゴで、体色は茶褐色から灰褐色をしている。

分布：ほぼ北海道全域に記録があるが、産地は限られる。

成虫の出現時期：6月中旬～8月上旬

指定区分：環境省RDB：指定なし
　　　　　北海道RDB：指定なし

オス

幼虫

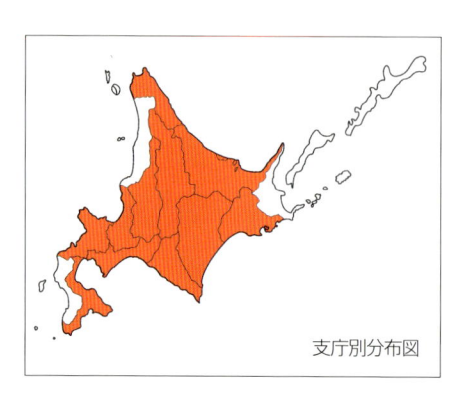

支庁別分布図

羽化

メス

生態：平地から低山地の河川中流域に生息している。成熟雄は河川周辺の石などに静止してテリトリーを張り雌を待つ。雌は河川付近の樹上などに止まって卵塊をつくり、単独で水面に打水産卵をする。幼虫は砂泥中に浅く潜り生活している。卵期間は約10日、幼虫で数回越冬し、生活史は約3年。

メス卵塊形成

サナエトンボ科　ホンサナエ

サナエトンボ科 Gomphidae
モイワサナエ
Davidius moiwanus moiwanus (Okumura)

| 1 | 2 | 3 | 4 | 5 | 6 | 7 | 8 | 9 | 10 | 11 | 12月 |

標高　山地　低山地　丘陵地
環境　止水
　　　流水　上中流　小河川

オス　　　メス

44.5mm

形態：体長は約43～46mmの小型のサナエトンボで、黒地に黄色の斑紋があり、前胸背の斑紋と雄は尾部付属器の形状、雌は腹部斑紋で区別できる。終齢幼虫は、体長18mm・頭幅4.7mm内外の小型ヤゴで、体色は黒褐色であるが、脚の脛節から跗節にかけては淡色、体型は扁平、触角がへら状である。

分布：ほぼ北海道全域に記録があり、普通種。

成虫の出現時期：6月上旬～8月中旬

指定区分：環境省RDB：指定なし
　　　　　北海道RDB：指定なし

メス

幼虫

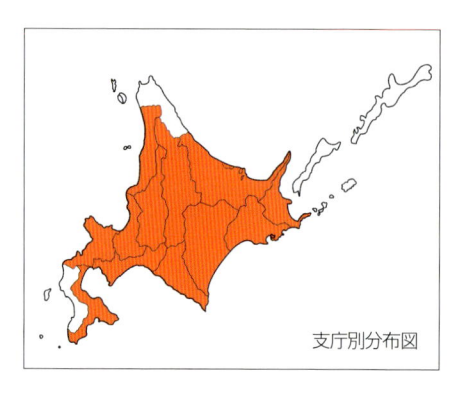

支庁別分布図

オス

メス(未熟)

生態：低山地から丘陵地の河川の上流域から中流域、川幅の大小に関係なく幅広い環境に生息する。成虫は流れの近くの樹上や林縁で生活し、雄は岸辺のフキなどの植物上によく静止している。雌は単独で水面上にホバリングまたは静止状態で空中から一卵ずつ産み落とす。幼虫は砂泥中に浅く潜り生活している。卵期間は20〜70日、幼虫で数回越冬し、生活史は約2〜3年。

サナエトンボ科　モイワサナエ

産卵

羽化

サナエトンボ科 Gomphidae
コサナエ
Trigomphus melampus (Selys)

	1	2	3	4	5	6	7	8	9	10	11	12月
標高											低山地	丘陵地
環境	止水										池沼	湿地
	流水											

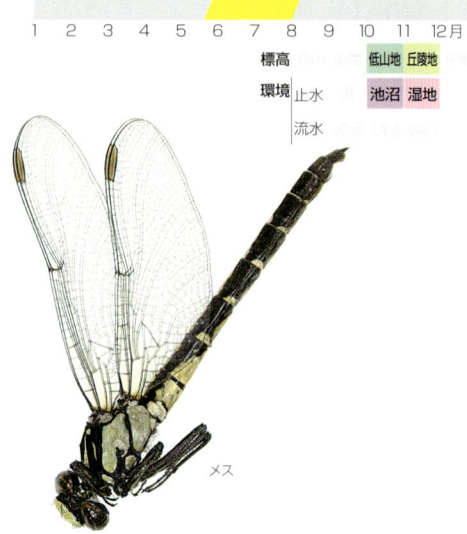

43.5mm

形態：体長は約42〜45mmの小型のサナエトンボで、黒地に黄色の斑紋があり、雄は成熟にしたがい黄色が薄くなる。老熟すると灰色部が白化する。モイワサナエによく似ているが、前胸背の斑紋のL字型で区別できる。終齢幼虫は、体長24mm・頭幅5mm内外の小型ヤゴで、体色は灰褐色、腹部第10節が円筒状に突出している。
分布：ほぼ北海道全域に記録があり、普通種。
成虫の出現時期：5月下旬〜8月上旬
指定区分：環境省RDB：指定なし
　　　　　北海道RDB：指定なし

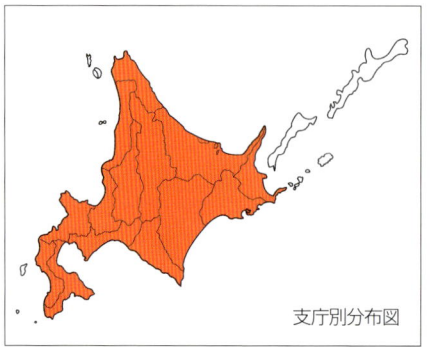

支庁別分布図

幼虫

メス

生態：丘陵地から低山地の池沼や湿地に生息している。成虫は池沼付近の樹上や林縁で生活し、成熟すると雄雌とも岸辺の植物上に静止しており、雌は単独で卵塊をつくり水面上にホバリングまたは静止状態で空中から産下する。幼虫は砂泥中に浅く潜り生活している。卵期間は約15日で、成虫になるまでは2～3年を要する。

交尾

産卵

サナエトンボ科 コサナエ

サナエトンボ科 Gomphidae
コオニヤンマ
Sieboldius albardae Selys

オス　　メス

79.5mm

形態：体長は約77〜82mmの大型のサナエトンボで、雌雄ともに黒地に黄色の斑紋がある。体にくらべ頭部が小さいのが特徴。終齢幼虫は、体長35mm・頭幅7.5mm内外の大型ヤゴで、体型が扁平で木の葉状で特異、体色は茶褐色から黒褐色。
分布：ほぼ北海道全域に記録があるが、産地は限られる。
成虫の出現時期：6月下旬〜9月上旬
指定区分：環境省RDB：指定なし
　　　　　北海道RDB：指定なし

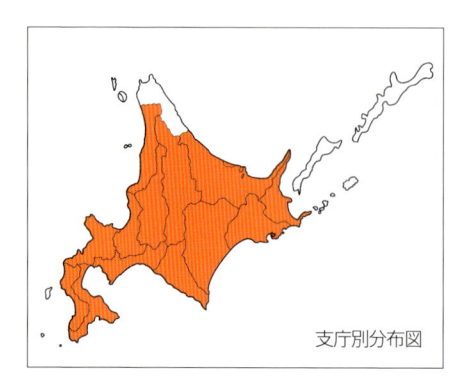

オス

幼虫

支庁別分布図

生態：丘陵地から低山地の河川、湖に生息している。成熟雄は岸辺の枝先や石の上などに静止してテリトリーを張り雌を待つ。雌は単独で打水産卵をする。幼虫は石の下などで水生昆虫を食べて生活している。卵期間は15日、幼虫で数回越冬し、生活史は3～4年。

サナエトンボ科　コオニヤンマ

オニヤンマ科 Cordulegastridae
オニヤンマ
Anotogaster sieboldii (SELYS)

	1	2	3	4	5	6	7	8	9	10	11	12月

標高　　　　　　　　　低山地　丘陵地　平地
環境　止水
　　　流水　　　　　　　　　　小河川

オス　　　　メス

86.5mm

形態：体長は約80～93mmの日本国内最大級のトンボで、黒地に黄色の斑紋があり、複眼は成熟すると透明感のある緑色になる。雌は産卵弁が長く突き出ている。終齢幼虫は、体長40mm・頭幅9mm内外の大型ヤゴで、体色は茶褐色、全身が毛深く、翅芽がハの字状に開いている。
分布：ほぼ北海道全域に記録があり、普通種。
成虫の出現時期：6月下旬～9月中旬
指定区分：環境省RDB：指定なし
　　　　　　北海道RDB：指定なし

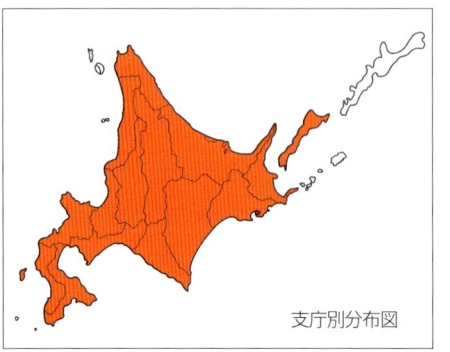

オス

幼虫

支庁別分布図

オス

生態：平地から低山地の河川や溝川など、比較的川幅が狭く、浅い小河川を好む。成熟雄は樹陰のある小河川上を往復飛翔して雌をさがす。雌は単独で川底に長い産卵弁を突き立て挿泥産卵をおこなう。幼虫は水底の砂泥に潜り生活している。卵期間は本州では16〜52日、幼虫で数回越冬し、生活史は2〜3年を要する。

オニヤンマ科　オニヤンマ

メス　産卵

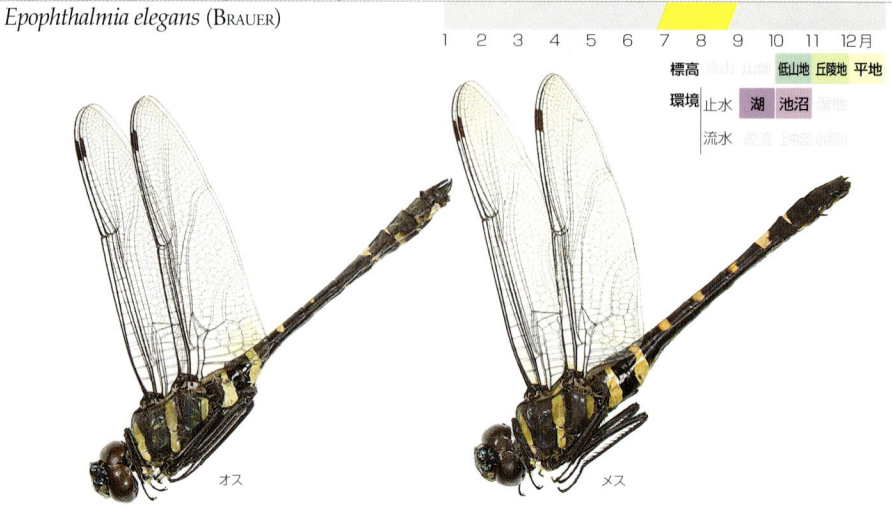

エゾトンボ科 Corduliidae
オオヤマトンボ
Epophthalmia elegans (BRAUER)

84mm

形態：体長は約82〜86mmの大型種で、雌雄ともに金属緑色に黄色の斑紋があり、エゾコヤマトンボに似るが、大型でがっちりした体型と頭部前面にある2本の黄条で区別できる。終齢幼虫は、体長37mm・頭幅8mm内外の重量感のある大型ヤゴで、体色は淡褐色、大顎（下唇）が長大で特異。
分布：ほぼ北海道全域に記録があるが、道東、道北は稀。
成虫の出現時期：6月下旬〜8月下旬
指定区分：環境省RDB：指定なし
　　　　　　北海道RDB：指定なし

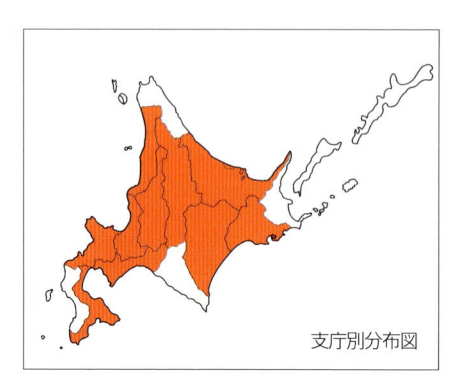

メス

オス

生態：平地から低山地の比較的大きな池沼や湖に生息し、成熟雄は水域の岸辺沿いを雌をさがして往復飛翔する。雌は単独で打水産卵をおこなう。幼虫は水底の泥や砂に浅く潜り生活している。卵期間は9〜12日で、幼虫で数回越冬し、生活史は約3年と推測される。

エゾトンボ科　オオヤマトンボ

エゾトンボ科 Corduliidae
エゾコヤマトンボ
Macromia amphigena masaco EDA

形態：体長は約66〜70mmの中型種で、雌雄ともに金属緑色に黄色の斑紋があり、頭部前面にある黄条は1本でオオヤマトンボと区別できる。終齢幼虫は、体長27mm・頭幅7.5mm内外で、体色は褐色から黒色で脚が長い。
分布：ほぼ北海道全域に記録があるが、産地は限られる。
成虫の出現時期：6月中旬〜8月中旬
指定区分：環境省RDB：指定なし
　　　　　北海道RDB：指定なし

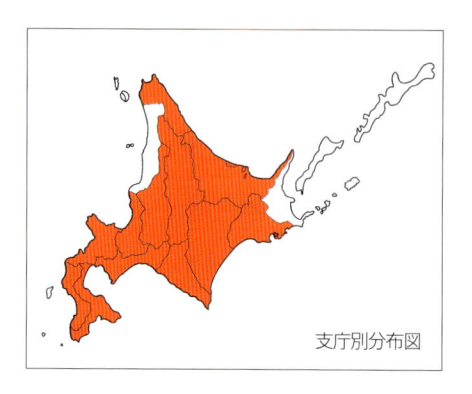

オス

羽化

生態：平地から山地の湖・池沼・河川の中流域から小河川まで幅広く生息している。成熟雄は水域の岸辺沿いを雌を探して往復飛翔する。雌は単独で1卵ずつ打水産卵をおこなう。幼虫は水底の堆積物や石の下に潜り生活している。卵期間は約10日で、幼虫で数回越冬し、生活史は約3～4年と推測される。

エゾトンボ科　エゾヤマトンボ

エゾトンボ科 Corduliidae
オオトラフトンボ
Epitheca bimaculata sibirica SELYS

	1	2	3	4	5	6	7	8	9	10	11	12月
標高							山地	低山地	丘陵地	平地		
環境 止水							湖	池沼	湿地			
流水												

オス　　　　メス

57.5mm

形態：体長は約55〜60mmの中型種で、体色は黒地に橙褐色の斑紋があり、老熟するにつれて全体的に黒化する。複眼は緑色であるが、若いときは青磁色を呈する。終齢幼虫は、体長27mm・頭幅7mm内外と大型で茶褐色、体とくらべて頭が小さく脚が長い。腹部第9節の側棘が発達している。
分布：ほぼ北海道全域に記録がある。
成虫の出現時期：6月上旬〜8月上旬
指定区分：環境省RDB：指定なし
　　　　　北海道RDB：指定なし

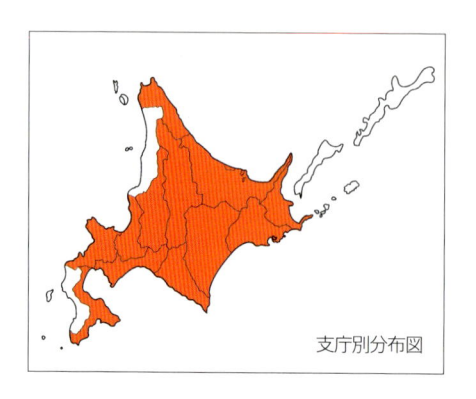

オス

幼虫

支庁別分布図

メス(未熟)

生態:平地から山地の池沼・湿原および湖に生息し、成熟雄は雌をさがして水域の周囲をホバリングを交えて往復飛翔する。雌は単独で産卵弁に卵塊がたまると池の周囲の樹上などから産卵のため降りてきて、抽水植物などにひも状の卵紐を付着させる。幼虫は水底の泥や富養植物中に潜って生活している。卵期間は約14日で、幼虫で数回越冬し、生活史は2〜3年を要する。

卵塊

メス

エゾトンボ科　オオトラフトンボ

エゾトンボ科 Corduliidae
カラカネトンボ
Cordulia aenea amurensis Selys

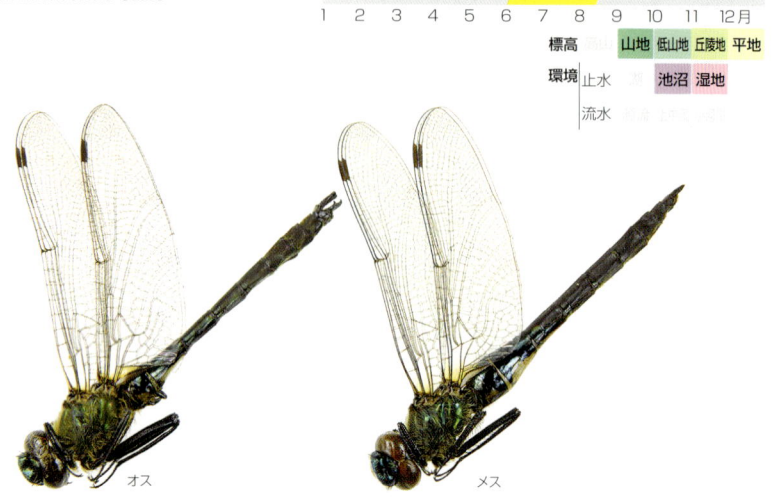

	1	2	3	4	5	6	7	8	9	10	11	12月
標高							山地	低山地	丘陵地	平地		
環境 止水								池沼	湿地			
流水												

オス　　　　　メス

51.5mm

形態：体長は約50〜53mmで全身が金属緑色をしている。雌雄とも斑紋はほとんどなく、雄の尾部付属器は頑丈な形をしており、雌の産卵弁は小さい。終齢幼虫は、体長20mm・頭幅6mm内外で、褐色または茶褐色で、腹部背面に黒色条がある。
分布：ほぼ北海道全域に記録がある。
成虫の出現時期：6月上旬〜8月中旬
指定区分：環境省RDB：指定なし
　　　　　　北海道RDB：指定なし

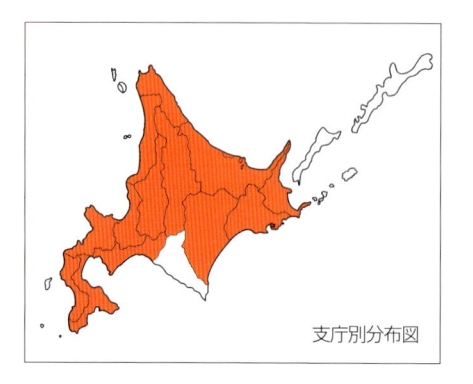

オス

幼虫

支庁別分布図

メス

オス

生態：平地から山地の池沼・湿原に生息し、成熟雄は雌をさがして池沼の周囲をホバリングを交えて往復飛翔する。雌は時折池の周囲の樹上から産卵のため降りてきて単独打水産卵をおこなう。幼虫は底の水生植物や泥中に潜んで生活している。卵期間は約10日で、春期に採集される幼虫のサイズ別の齢期グループ数から幼虫で2度越冬し、生活史は約3年と推測される。

エゾトンボ科　カラカネトンボ

エゾトンボ科 Corduliidae
ホソミモリトンボ
Somatochlora arctica (ZETTERSTEDT)

オス / メス

54.5mm

形態：体長は約52〜57mmの中型で細身のエゾトンボで、全身が金属緑色をしている。雌雄ともに斑紋はほとんどなく、縁紋が褐色である。雄の尾部付属器はくぎ抜き状で区別できる。雌の産卵弁は後方に小さく突き出ている。終齢幼虫は、体長20mm・頭幅6mm内外で、クモマエゾトンボと似ている。

分布：主に道東、道北に記録があり、局地的。

成虫の出現時期：6月中旬〜10月上旬

指定区分：環境省RDB：指定なし
　　　　　　北海道RDB：指定なし

オス

幼虫

支庁別分布図

交尾

産卵

生態：平地から山地の高層湿原に生息し、雌雄とも湿原内を広く飛翔し、生殖活動をおこなう。雌は単独で打水産卵をする。幼虫は湿原内の植物などの根際に潜って生活している。卵期間は約14日で、幼虫で数回越冬し、生活史は室内飼育で2年であるが、野外では3〜4年と推測される。

産卵

エゾトンボ科　ホソミモリトンボ

エゾトンボ科 Corduliidae
クモマエゾトンボ
Somatochlora alpestris (SELYS)

| 1 | 2 | 3 | 4 | 5 | 6 | 7 | 8 | 9 | 10 | 11 | 12月 |

標高 **高山** 山地 低山地 丘陵地 平地
環境 止水 湖 **池沼** 湿地
　　 流水 源流 上中流 小河川

オス　　　　　メス

48.5mm

メス

形態：体長は約46〜51mmの小型のエゾトンボで、全身が金属緑色をしている。雌雄ともに斑紋はほとんどなく、複眼は青磁色で、胸部は毛深く腹部が太短い。雄の尾部付属器は上から見ると逆三角形でコエゾトンボに似ている。雌の産卵弁は小さくめだたない。終齢幼虫は、体長20mm・頭幅6mm内外で、体色は茶褐色か黒色で他のエゾトンボとくらべてずんぐりした体型で毛深い。
分布：大雪山周辺の標高1000メートル以上の高山帯のみ記録がある。
成虫の出現時期：7月下旬〜9月中旬
指定区分：環境省RDB：指定なし
　　　　　　北海道RDB：希少種R

幼虫

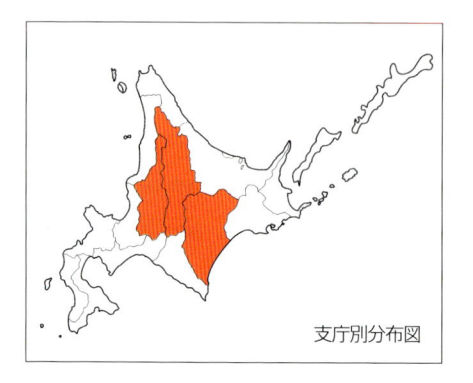

支庁別分布図

オス

産卵

生態：高山の高層湿原の浅い池沼に生息し、雄成虫は晴天時に池沼付近の樹上や林縁から水域に降りてきて雌をさがしてテリトリー飛翔をおこなう。雌は曇りや霧中でも産卵のため時折水域にあらわれる。幼虫は池沼の浅い泥や有機質中に潜って生活している。卵期間は約15日で、幼虫で数回越冬し、生活史は室内飼育で2年であるが、野外では3〜4年と推測される。

エゾトンボ科　クモマエゾトンボ

99

エゾトンボ科 Corduliidae
コエゾトンボ
Somatochlora japonica MATSUMURA

	1	2	3	4	5	6	7	8	9	10	11	12月
標高							高山	山地	低山地	丘陵地	平地	
環境	止水				湖			池沼	湿地			
	流水							源流	上中流	小河川		

オス　　　メス

48.5mm

形態：体長は約46〜51mmの中型のエゾトンボで、全身が金属緑色をしている。雌雄ともに斑紋はほとんどなく、雄の尾部付属器は上から見ると逆三角形で、雌の産卵弁は長三角形状で下方に突き出ている。終齢幼虫は、体長22mm・頭幅6.5mm内外で、体色は褐色および赤褐色。
分布：ほぼ北海道全域に記録がある。
成虫の出現時期：6月下旬〜10月上旬
指定区分：環境省RDB：指定なし
　　　　　北海道RDB：指定なし

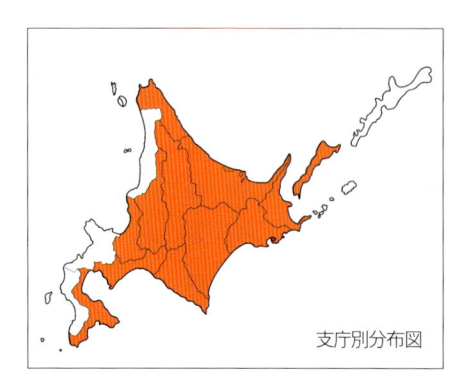

オス（摂食）

幼虫

支庁別分布図

オス

オス

メス

生態：平地から高山の池沼や湿地に生息し、雌雄とも湿地内を広く飛翔し、生殖活動をおこなう。雌は単独で打水産卵をする。幼虫は湿原内の流れなどの泥中に潜んで生活している。卵期間は約15日で、幼虫で数回越冬し、生活史は2～3年と推定される。

エゾトンボ科　コエゾトンボ

エゾトンボ科 Corduliidae
モリトンボ・キバネモリトンボ

Somatochlora graeseri graeseri SELYS
Somatochlora graeseri aureola OGUMA

オス　　メス

53.5mm

モリトンボ　オス

幼虫

形態：体長は約50〜57mmの中型のエゾトンボで、全身が金属緑色をしている。雌雄ともにタカネトンボに非常によく似ているが、雄は尾部付属器の形状、雌は腹部基部の黄斑の形状で区別できる。また、低地では翅基部の黄色斑が発達したキバネモリトンボが生息する。タカネトンボと混棲する生息地では、中間型の区別が難しい個体がある。幼虫の形態はタカネトンボと区別は難しい。終齢幼虫は、体長20mm・頭幅6.5mm内外で、体色は褐色から黒色まで生息環境により異なる。
分布：大雪山周辺、知床半島にモリトンボ、他の地域にキバネモリトンボが分布。
成虫の出現時期：7月中旬〜9月中旬
指定区分：環境省RDB：指定なし
　　　　　　北海道RDB：指定なし

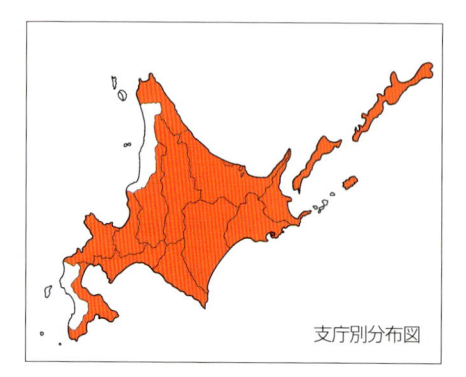

支庁別分布図

モリトンボ　産卵

生態：成虫は池沼や湖に生息し、成熟雄は雌をさがして水域の岸辺を往復飛翔する。雌は時折産卵のため出現して単独で打水または打空産卵をおこなう。幼虫は水底の石の下や、落ち葉の中などに潜んで生活している。卵期間は約20日、幼虫期間は室内飼育では1年であるが、野外では約3年と推測される。

モリトンボ　メス

モリトンボ　産卵

モリトンボ　オス

エゾトンボ科　モリトンボ・キバネモリトンボ

モリトンボ　オス

モリトンボとキバネモリトンボの中間型　オス

キバネモリトンボ　オス

キバネモリトンボ　メス

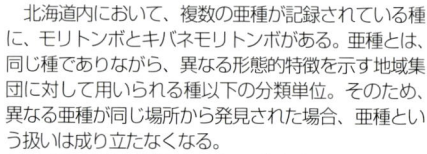

斑紋変化1　中間型　メス腹部

斑紋変化2　中間型　メス腹部

斑紋変化3　中間型　メス腹部

モリトンボとキバネモリトンボ

　北海道内において、複数の亜種が記録されている種に、モリトンボとキバネモリトンボがある。亜種とは、同じ種でありながら、異なる形態的特徴を示す地域集団に対して用いられる種以下の分類単位。そのため、異なる亜種が同じ場所から発見された場合、亜種という扱いは成り立たなくなる。

　キバネモリトンボは、モリトンボ(当時は*Somatochlora borealis*)の亜種として小熊捍博士により北海道から記載されたが、その後の研究でモリトンボに相当する個体群も、知床半島と大雪山に分布していることがわかり、北海道からは2亜種が記録されることになった。

　モリトンボとキバネモリトンボを分ける大きな違いは、その名前が示すとおり、翅が全体透明(モリトンボ)か、翅や腹部の黄色斑が発達する(キバネモリトンボ)ということが特徴である。モリトンボの雌の中には、後翅の基部がキバネモリトンボほどではないにせよ、薄く黄色を呈する個体がほとんどであることがわかってきており、ロシア沿海州の個体も同様である。

　近年、モリトンボの特徴を示す個体とキバネモリトンボの特徴を示す個体が、同一の場所で確認されることがわかっており、このことは、別亜種としての扱いを考え直さないといけないということを示唆している。この図鑑では、従来の分類を踏襲したが、今後分類学的扱いが変更になることが予測される。

キバネモリトンボ 産卵

キバネモリトンボ オス

キバネモリトンボ メス

キバネモリトンボ オス

エゾトンボ科　モリトンボ・キバネモリトンボ

エゾトンボ科 Corduliidae
タカネトンボ
Somatochlora uchidai Foerster

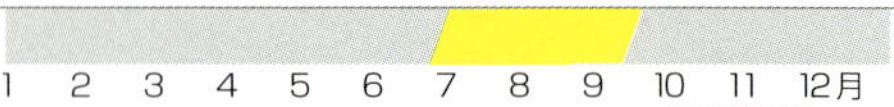

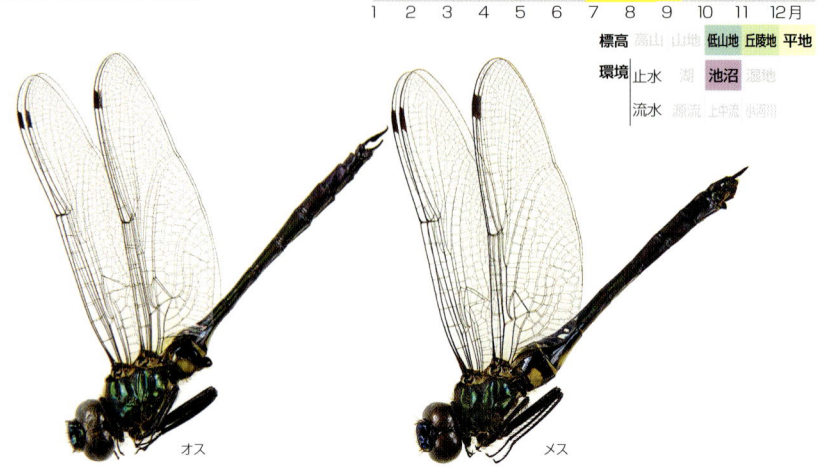

形態：体長は約55〜58mmの中型のエゾトンボで、全身が金属緑色をしている。雌雄ともに斑紋は腹部基部のみあり、成熟するにしたがい縮小消失する。雄の尾部付属器は上から見ると後方に向い平行に二股に分かれる。雌の産卵弁は小さく台形状をしている。終齢幼虫は、体長20mm・頭幅6.5mm内外で、体色は褐色から黒褐色まで生息環境により異なる。
分布：ほぼ北海道全域に記録があり、普通種。
成虫の出現時期：6月下旬〜9月中旬
指定区分：環境省RDB：指定なし
　　　　　　北海道RDB：指定なし

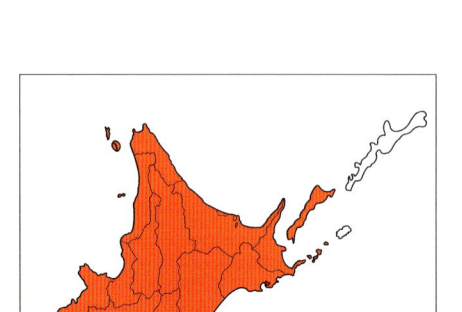

支庁別分布図

幼虫

生態：平地から低山地の樹陰のある池沼に生息している。成熟雄は雌をさがして池沼の周囲を往復飛翔し、雌は時折産卵のため出現して単独で打水または打空産卵をおこなう。幼虫は水底の落ち葉や泥中に潜んで生活している。卵期間は約20日で、幼虫で数回越冬し、生活史は約3年。

エゾトンボ科 タカネトンボ

エゾトンボ科 Corduliidae
エゾトンボ
Somatochlora viridiaenea (Uhler)

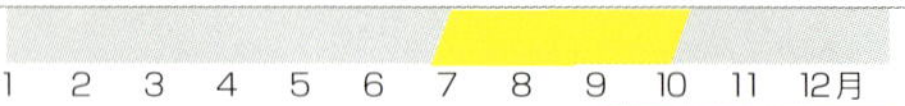

オス　　メス

61mm

オス

幼虫

形態：体長は約55〜67mmの大型のエゾトンボで、全身が金属緑色をしている。雌雄ともに胸部、腹部に黄色斑紋があり、雄は成熟するにしたがい胸部斑紋が消失し、雌の斑紋はグループ中もっとも大きくめだつ。雄の尾部付属器は上から見ると後方にむかい先端がよわく湾曲する。雌の産卵弁は三角形で斜め下方に突き出る。終齢幼虫は、体長22mm・頭幅6.5mm内外で、体色は淡褐色。
分布：ほぼ北海道全域に記録がある。
成虫の出現時期：6月下旬〜10月上旬
指定区分：環境省RDB：指定なし
　　　　　　北海道RDB：指定なし

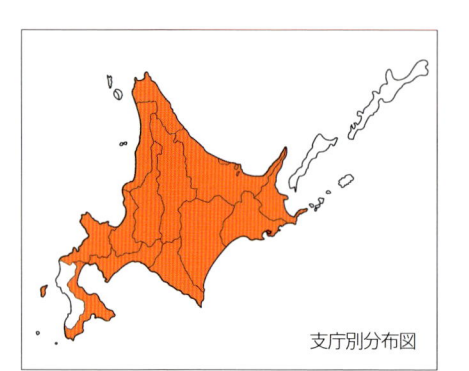

支庁別分布図

オス

メス

生態：平地から山地の池沼や湿地に生息し、雌雄とも湿原内を広く飛翔し、生殖活動をおこなう。雌は単独で打水産卵をする。幼虫は湿地内の浅い水域の植物の根際などに潜んで生活している。卵期間は15～20日で、幼虫で数回越冬し、生活史は2～3年。

エゾトンボ科　エゾトンボ

エゾトンボ科 Corduliidae
ハネビロエゾトンボ
Somatochlora clavata Oguma

	1	2	3	4	5	6	7	8	9	10	11	12月
標高	高山	山地	低山地	丘陵地	平地
環境	止水	湖	池沼	湿地
流水	渓流	上中流	小河川

オス　　　メス

57mm

形態：体長は約56〜58mmの大型のエゾトンボで、全身が金属緑色をしている。雌雄ともに胸部、腹部に黄色斑紋があり、雄は成熟するにしたがい胸部斑紋が縮小し、雌の斑紋は大きくめだつ。雄の尾部付属器はエゾトンボによく似るが、太く頑丈な形をしている。雌の産卵弁はグループ中最大で大きく下方に突き出る。終齢幼虫は体長24mm・頭幅7mm内外で、他のエゾトンボ幼虫とくらべて頭の幅が広い。
分布：石狩、日高、十勝支庁にのみ記録があり、産地は局地的。
成虫の出現時期：7月下旬〜8月下旬
指定区分：環境省RDB：指定なし
　　　　　　北海道RDB：希少種R

産卵

幼虫

支庁別分布図

オス

オス

生態：平地から丘稜地の小川や溝川に生息し、雄成虫は流れの上をホバリングして雌をさがす。雌は単独で打水産卵をおこなう。雌雄ともに水域付近の空き地で摂食飛翔をよくする。幼虫は落ち葉や泥中に潜んで生活している。卵期間は20〜30日で、幼虫で数回越冬し、生活史は2〜3年。

産卵

エゾトンボ科　ハネビロエゾトンボ

111

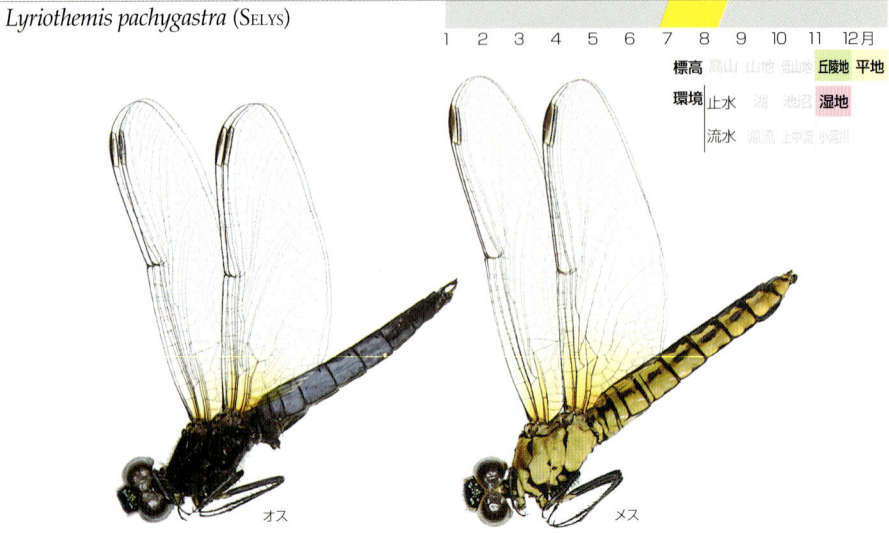

トンボ科 Libellulidae
ハラビロトンボ
Lyriothemis pachygastra (SELYS)

オス / メス

31.5mm

形態：体長は約27〜36mmの小型のトンボで、和名のとおり腹部が広く平たい。雄は成熟すると胸部は黒化し腹部は灰青色の粉をまとう。雌は黄褐色で腹部背面の黒条がめだつ。終齢幼虫は、体長15mm・頭幅4.5mm内外、脚が太短くて毛深い。
分布：道南と長万部で記録がある。
成虫の出現時期：6月下旬〜8月中旬
指定区分：環境省RDB：指定なし
　　　　　北海道RDB：絶滅危惧種En

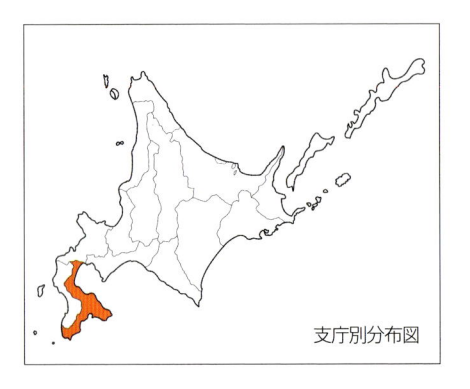

オス

幼虫

支庁別分布図

メス

生態：平地から丘陵地の湿地、休耕田などで生息し、幼虫は泥に浅く潜り生活している。成虫は発生地をあまり離れず、周辺の草むらに多く見られる。産卵方法は、雌が単独で打水産卵をするが、その際雄が求婚のディスプレイや産卵警護をすることが知られている。卵期間は10〜14日で、幼虫で越冬し、本州では幼虫期間は1年であるが、道内では2年を要する場合もある。生活史は1〜2年。

交尾

トンボ科　ハラビロトンボ

113

トンボ科 Libellulidae
ヨツボシトンボ

Libellula quadrimaculata asahinai Sᴄʜᴍɪᴅᴛ

1	2	3	4	5	6	7	8	9	10	11	12月

標高	高山	山地	低山地	丘陵地	平地
環境	止水	湖	池沼	湿地	
	流水	源流	上中流	小河川	

オス　メス

45mm

形態：体長は約42〜48mmの中型のずんぐり型のトンボで、前翅後翅の結節部分に褐色斑があり、和名の由来となっている。雌雄とも全体に黄褐色で成熟してもほとんど変化しない。腹部背面の先端に黒色斑がある。終齢幼虫は、体長20mm・頭幅5.5mm内外、幼虫は黒褐色で厚みのあるずんぐりした体型をしている。

分布：ほぼ北海道全域に記録があり、普通種。

成虫の出現時期：6月上旬〜9月上旬

指定区分：環境省RDB：指定なし
　　　　　　北海道RDB：指定なし

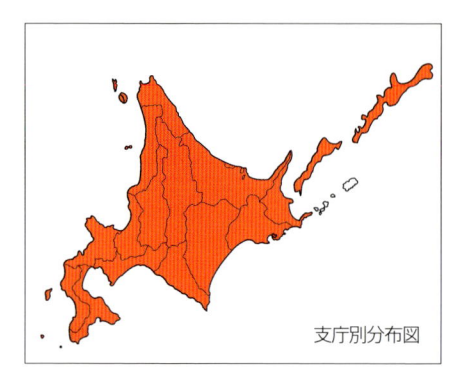

オス

幼虫

支庁別分布図

羽化

産卵

生態：平地から山地の池沼、湿原など幅広く生息し、幼虫は水底の泥に潜って生活している。成虫は水域付近の林縁、草むらで生活し、成熟雄は岸辺でテリトリー飛翔や静止をしている。雌は単独で打水産卵をするが、その際に雄の産卵警護行動がよく見られる。卵期間は約7日で、幼虫で2回越冬し、生活史は2年を要する。

メス（未熟）

トンボ科　ヨツボシトンボ

トンボ科 Libellulidae
シオカラトンボ
Orthetrum albistylum speciosum (Uhler)

52.5mm

形態：体長は約50〜55mmの中型のトンボで、成熟雄は腹部に白青色の粉をまとい、尾部先端部の三分の一ほどは黒色。雌は俗称ムギワラトンボと呼ばれ、黄土色で通常成熟しても体色の変化はないが、老熟すると雄のように粉をまとう個体も見られる。終齢幼虫は、体長20mm・頭幅5mm内外で、体色は茶褐色または灰褐色が多く、複眼が突出し、背棘がない。
分布：ほぼ北海道全域に記録がある。
成虫の出現時期：6月上旬〜9月中旬
指定区分：環境省RDB：指定なし
　　　　　　北海道RDB：指定なし

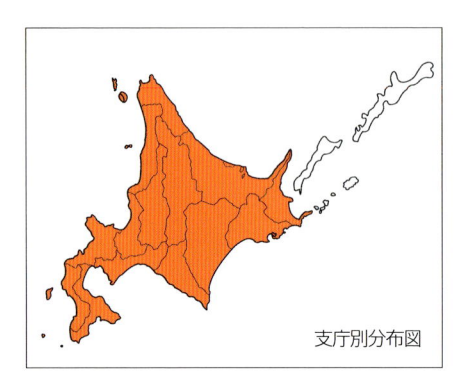

支庁別分布図

幼虫

オス(未熟)

生態：平地から丘陵地から低山地の池沼や水田に生息し、成熟雄は水際の石や乾いた地面に止まりテリトリーを張り、雌の到来を待つ。雌は単独で打水、打泥産卵をし、その際に雄の産卵警護が見られる。幼虫は泥に浅く潜り生活している。卵期間は約7日、生活史は1年。

産卵

交尾

トンボ科　シオカラトンボ

117

トンボ科 Libellulidae
シオヤトンボ
Orthetrum japonicum japonicum (Uhler)

オス　メス

43.5mm

形態：体長は約41〜46mmのシオカラトンボよりひと回り小さく太短い体型で、成熟雄は青白色の粉を腹部全体にまとっている。雌は黄土色で胸腹部の黒条が明瞭で、老熟すると前種同様白粉をまとう傾向がある。終齢幼虫は、体長18mm・頭幅4.7mm内外、体色は黒色から灰褐色で、背棘は腹部4〜6節にある。前種幼虫とくらべて小型である。
分布：ほぼ北海道全域に記録があるが、道東、道北は稀。
成虫の出現時期：5月中旬〜8月下旬
指定区分：環境省RDB：指定なし
　　　　　　　北海道RDB：指定なし

オス

幼虫

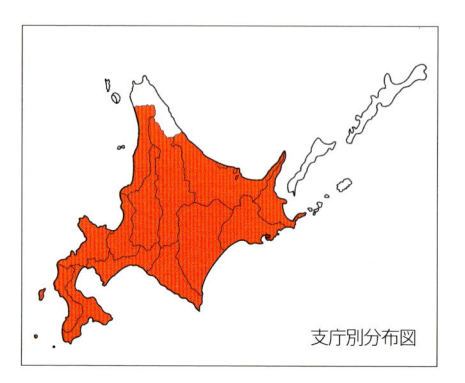

支庁別分布図

生態：平地から低山地の池沼周辺の小規模な湿地などに生息し、成熟雄は水際の石や乾いた地面に止まりテリトリーを張り、雌の到来を待つ。雌は単独で打水、打泥産卵をし、その際に雄の産卵警護が見られる。幼虫は水深の浅い泥底に潜って生活している。卵期間は約9日で、幼虫で越冬し、生活史は1年。

トンボ科 Libellulidae
オオシオカラトンボ
Orthetrum triangulare melania (SELYS)

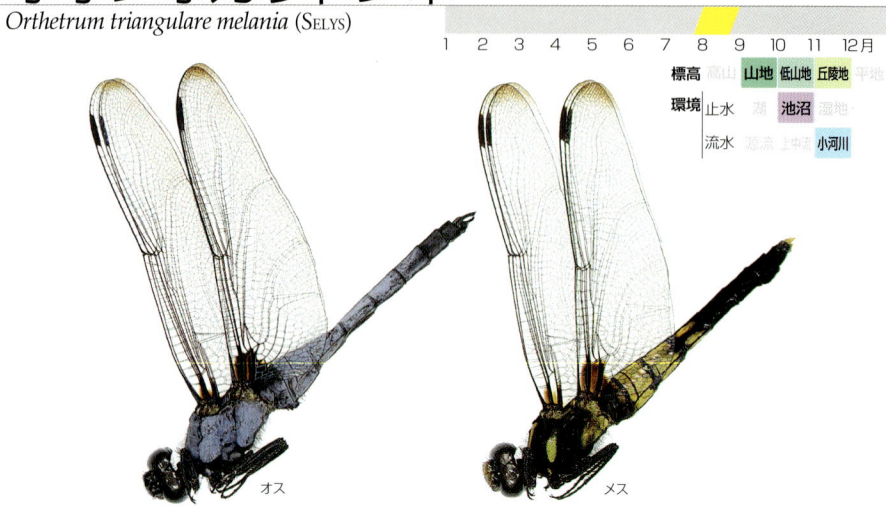

	1	2	3	4	5	6	7	8	9	10	11	12月
標高							山地	低山地	丘陵地			平地
環境	止水		湖	池沼		湿地						
	流水		源流	上中流	小河川							

オス　　メス

52.5mm

単独産卵

幼虫

形態：体長は約50〜55mmの中型のトンボで、成熟雄は胸腹部に黒青色の粉をまとい、尾部先端の黒色部はシオカラトンボより狭い。雌は黄色の地に黒色斑紋がめだつ。雌雄ともに翅の基部に黒色斑がある。終齢幼虫は、体長20mm・頭幅5mm内外、体色は黒褐色で、背棘は腹部4〜7節にある。
分布：北海道全域に記録が散在するが、温泉地に多い。
成虫の出現時期：7月下旬〜8月下旬
指定区分：環境省RDB：指定なし
　　　　　　北海道RDB：指定なし

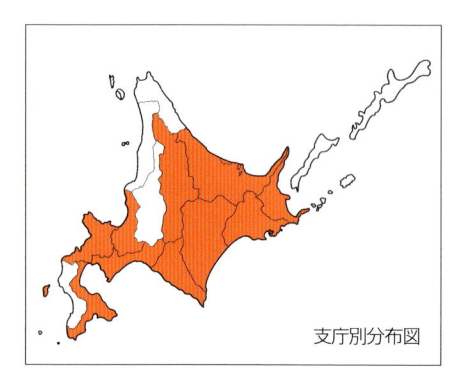

支庁別分布図

オス

生態：平地から山地の温泉地の池沼やゆるやかな流れに生息する。成熟雄は水域の石や枝先に止まりテリトリーを張る。雌は単独で打水産卵し、その際に雄の産卵警護が見られる。幼虫は泥に浅く潜り生活している。卵期間は約8日で、幼虫で越冬し、生活史は1年。

産卵

交尾

トンボ科　オオシオカラトンボ

トンボ科 Libellulidae
コフキトンボ
Deielia phaon (SELYS)

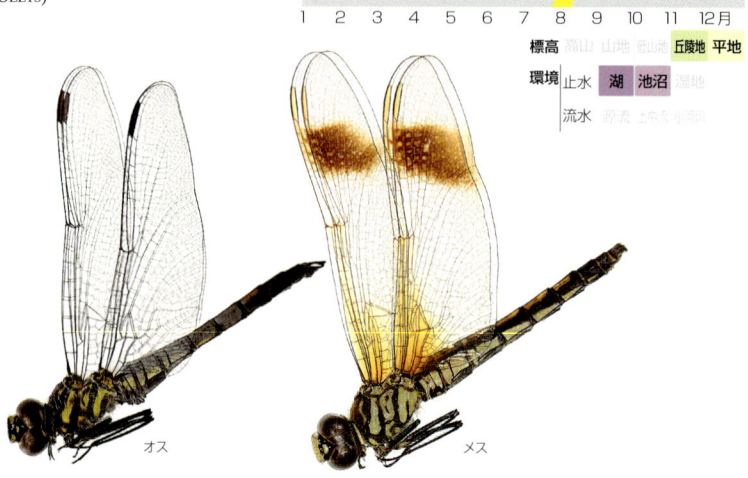

オス　メス

42.5mm

形態：体長は約40〜45mmの中型のトンボで、雄は成熟すると胸部と腹部に粉をまとう。雌は翅にミヤマアカネに似た褐色斑紋があり、帯トンボと呼ばれるタイプ（f. disper）と北海道では記録が少ない雄と同色型の2タイプがある。
分布：渡島と空知支庁（1例のみ）に記録がある。
成虫の出現時期：7月下旬〜8月中旬
指定区分：環境省RDB：指定なし
　　　　　　北海道RDB：希少種R

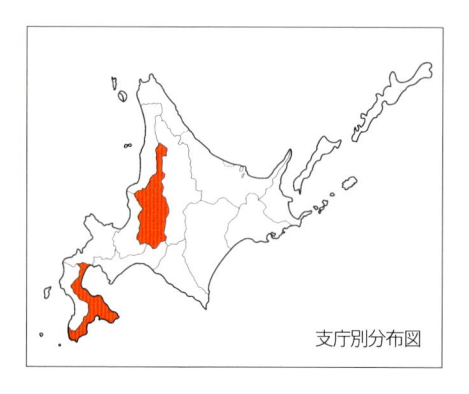

オス

幼虫

支庁別分布図

メス

生態：平地から丘陵地の池沼、湖に生息し、成熟雄は岸辺の草に好んで止まるが、敏感である。人が近づくと遠ざかる。雌は単独で水面の水草などに弾き飛ばすように打水産卵をする。本州では卵期間は約10日、道内でまだ幼虫は採集されていないが、道南では成虫の発生状況から土着しているもの考えられ、生活史は1年と推測される。

オス・メス

同色型メス

トンボ科　コフキトンボ

123

トンボ科 Libellulidae
ミヤマアカネ
Sympetrum pedemontanum elatum (Selys)

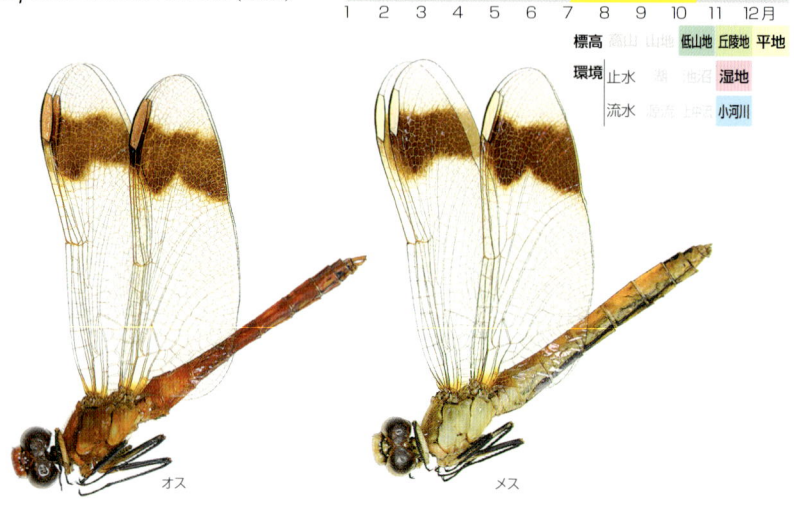

36.5mm

形態：体長は約33〜40mmの小型から中型のアカネで、雌雄ともに翅の縁紋内側に褐色の帯がある。胸部には黒条がなく、成熟雄は全身が赤化する。終齢幼虫は、体長13mm・頭幅4.5mm内外で、腹部第8・9節の側棘は短い。
分布：ほぼ北海道全域に記録があるが、道北は稀。
成虫の出現時期：7月上旬〜10月中旬
指定区分：環境省RDB：指定なし
　　　　　北海道RDB：指定なし

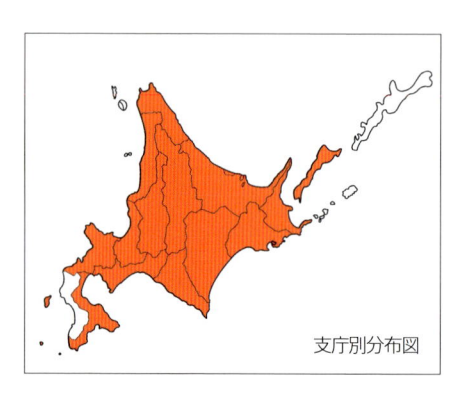

幼虫

支庁別分布図

交尾

オス

生態：平地から丘陵地の池沼の浅い水域や小さな流れに生息し、成虫はあまり水域を離れず生活する。雌は連結または単独で打水産卵をする。幼虫は泥中に潜んで生活する。卵の状態で越冬し翌春に孵化する。幼虫期間は約2ヶ月で、生活史は1年。

産卵

トンボ科　ミヤマアカネ

トンボ科 Libellulidae
ナツアカネ
Sympetrum darwinianum (SELYS)

オス　メス

39.5mm

形態：体長は約37〜42mmの中型のアカネで、アキアカネに似るが、成熟雄は頭部、胸部、腹部ともに赤化する。雌は腹部背面のみ赤化し、腹部第4節が細くなる。胸部の黒条は途中で途切れる。終齢幼虫は、体長15mm・頭幅5mm内外。
分布：ほぼ北海道全域に記録があるが、道東、道北では稀。
成虫の出現時期：7月下旬〜10月上旬
指定区分：環境省RDB：指定なし
　　　　　北海道RDB：希少種R

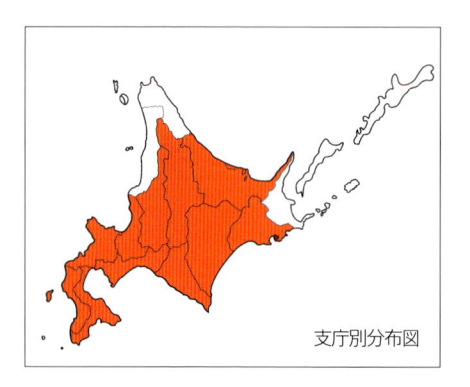

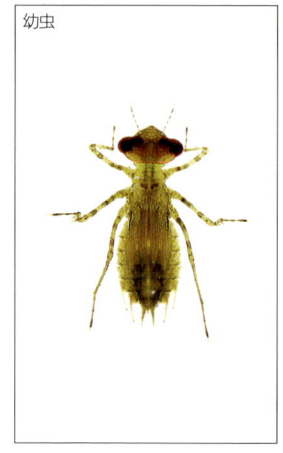

メス

幼虫

支庁別分布図

オス

生態：平地から丘陵地の池沼に生息している。未熟成虫は移動するがアキアカネほど大きな移動性はない。道南以外では最近少なくなっている。成虫は雌雄ともに枝先や草の先端部に好んで静止する。産卵方法は雌が連結または単独で打空産卵をする。卵の状態で越冬し翌春に孵化する。幼虫期間は約2ヶ月で、生活史は1年。

交尾

オス

トンボ科　ナツアカネ

トンボ科 Libellulidae
アキアカネ
Sympetrum frequens (Selys)

オス　メス

37.5mm

メス

幼虫

形態：体長は約35〜40mmの代表的なアカネで、未熟時は雌雄ともに黄色、成熟雄は腹部が赤化する。雌は黄色から赤化する個体まで変化がある。終齢幼虫は、体長17mm内外・頭幅5mm。
分布：北海道全域に記録があり、普通種。
成虫の出現時期：7月中旬〜11月上旬
指定区分：環境省RDB：指定なし
　　　　　　北海道RDB：指定なし

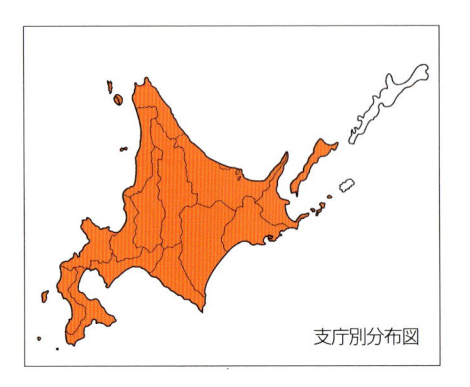

支庁別分布図

オス

交尾

生態：平地から産地の池沼、水田などに広く生息している。ノシメトンボとともに道内でもっとも普通に見られる。本州では避暑のため未熟期に高山へ移動することが知られているが、道内では生息地付近の山などで過ごし、移動しない個体群も知られている。産卵方法は雌が連結または単独で打水産卵をする。卵の状態で越冬し翌春に孵化する。幼虫期間は約2ヶ月で、生活史は1年。

産卵

トンボ科　アキアカネ

129

トンボ科 Libellulidae
タイリクアカネ
Sympetrum striolatum imitoides Bartenef

	1	2	3	4	5	6	7	8	9	10	11	12月
標高						高山	山地	低山地	丘陵地	平地		
環境			止水	湖	池沼	湿地						
			流水	源流	上中流	小河川						

オス　メス

42.5mm

形態：体長は約40〜45mmのやや大型のアカネで、アキアカネに似るが成熟雄の体色が朱赤色で、雌雄ともに翅の前縁にそって翅脈が赤褐色から橙色となる。雌は成熟すると腹部下面が灰色となる。終齢幼虫は、体長16mm・頭幅5mm内外で、側棘は腹部第8節は短く第9節は長い。
分布：ほぼ北海道全域で局所的であるが、沿岸部に記録が集中。
成虫の出現時期：7月下旬〜10月下旬
指定区分：環境省RDB：指定なし
　　　　　　北海道RDB：指定なし

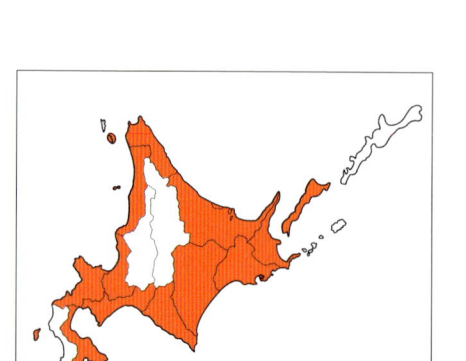

オス

幼虫

支庁別分布図

オス

メス

生態：海岸沿いの湖、池沼に生息し、汽水域でも見られる。成虫は水辺から少し離れた樹上などで生活し、晴れた日の午前中に繁殖活動をする。産卵方法は、雌が連結または単独で打水産卵をする。卵の状態で越冬し翌春に孵化する。幼虫期間は約2ヶ月で、生活史は1年。

交尾

単独産卵

トンボ科 タイリクアカネ

131

トンボ科 Libellulidae
マユタテアカネ
Sympetrum eroticum eroticum (Selys)

オス　メス

34.5mm

オス

幼虫

形態：体長は約32〜37mmの中〜小型のアカネで、額に眉状斑紋がある。成熟雄は腹部が鮮やかに赤化する。雌は褐色が多く赤化する個体も見られる。雄は尾部上付属器の先端が大きく上屈する。北海道では翅先端に褐色斑のあるタイプ（f. fastigiata）は記録されていない。終齢幼虫は、体長14mm・頭幅4.5mm内外。
分布：北海道全域に記録があり、普通種。
成虫の出現時期：7月上旬〜10月上旬
指定区分：環境省RDB：指定なし
　　　　　北海道RDB：指定なし

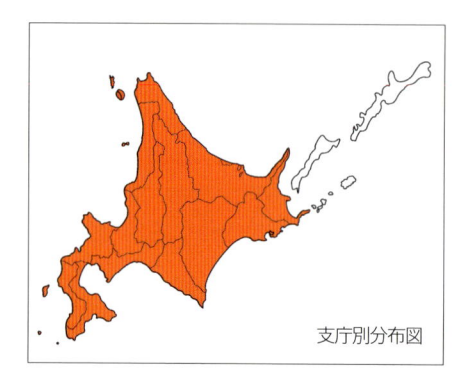

支庁別分布図

メス

生態：平地から山地の池沼に広く生息している。成虫は未熟期を含めあまり水域を離れない。産卵方法は連結または単独で打水、打泥産卵をする。卵の状態で越冬し翌春に孵化する。幼虫期間は約2ヶ月で、生活史は1年。

交尾

産卵

メス（赤化型）

トンボ科　マユタテアカネ

トンボ科 Libellulidae
マイコアカネ
Sympetrum kunckeli (SELYS)

	1	2	3	4	5	6	7	8	9	10	11	12月

標高	高山	山地	低山地	丘陵地	平地
環境	止水	湖	池沼	湿地	
	流水	源流	上中流	小河川	

オス 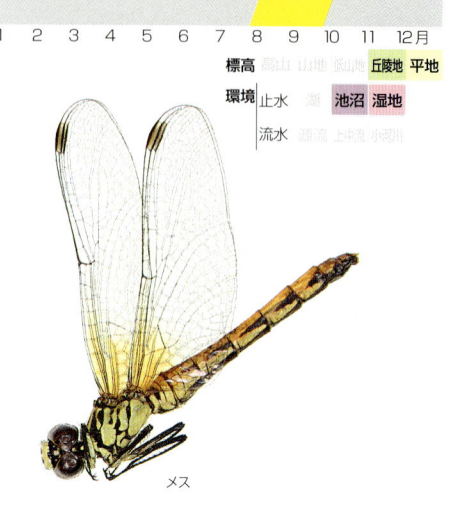　メス

30mm

形態：体長は約28〜32mmの小型のアカネで、未熟時は雌雄ともに黄色、成熟雄は頭部の額が青色になり腹部は赤化する。雌は褐色で翅の基部に黄色斑があり、少ないが赤化するタイプも見られる。胸部の黒条が4本の筋状となり区別できる。終齢幼虫は、体長12mm・頭幅4mm内外。
分布：主として道南、道央に記録があり、産地は局所的。
成虫の出現時期：7月下旬〜9月下旬
指定区分：環境省RDB：指定なし
　　　　　　北海道RDB：希少種R

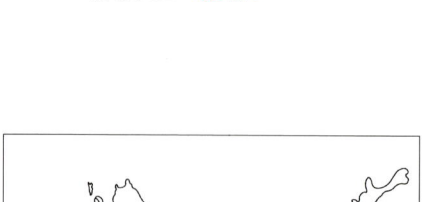

オス

幼虫

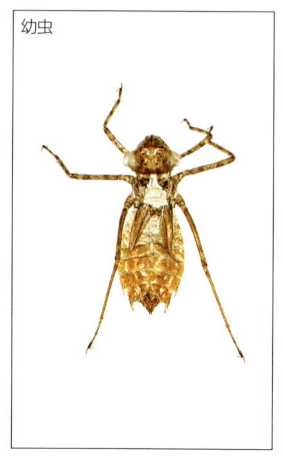

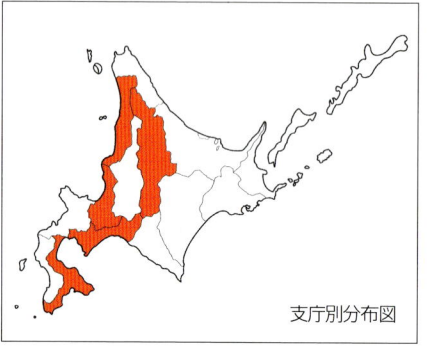

支庁別分布図

メス(未熟)

生態:平地から丘陵地の池沼、湿地に生息している。成虫はあまり水域を離れず生活し、よく湿地の草に好んで止まる。産卵方法は雌が連結または単独で打泥産卵をする。卵の状態で越冬し翌春に孵化する。幼虫期間は約2ヶ月で、生活史は1年。

交尾

産卵

トンボ科　マイコアカネ

トンボ科 Libellulidae
ヒメアカネ
Sympetrum parvulum Bartenef

	1	2	3	4	5	6	7	8	9	10	11	12月

標高　高山　山地　亜山地　丘陵地　平地
環境　止水　湖　池沼　湿地
　　　流水　源流　上中　小河川

オス　メス

31mm

形態：体長は約29〜33mmの小型のアカネで、マユタテアカネに似る。雄は尾部上付属器がつよく上屈せず、雌は産卵弁が長く区別できる。未熟期は雌雄ともに黄色で、成熟雄は額が白色になり、腹部が赤化する。さらに老熟すると胸部が茶褐色となる。雌は褐色で翅の基部に黄色斑がある。終齢幼虫は、体長12mm・頭幅4mm内外。

分布：道南、道央、道東に記録があるが、産地は局所的。

成虫の出現時期：7月下旬〜10月中旬

指定区分：環境省RDB：指定なし
　　　　　北海道RDB：希少種R

オス

幼虫

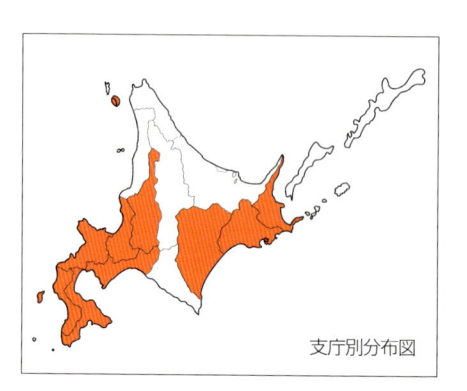

支庁別分布図

136

オスとメス

生態：平地から丘陵地の湿地など開発の影響を受けやすい環境に生息している。成虫はあまり水域を離れず生活し、よく湿地の草に好んで止まる。産卵方法は雌が単独で打水産卵をする。卵の状態で越冬し翌春に孵化する。幼虫期間は約3ヶ月で、生活史は1年。

交尾

産卵

メス

トンボ科　ヒメアカネ

トンボ科 Libellulidae
エゾアカネ
Sympetrum flaveolum flaveolum (Linnaeus)

オス / メス

36.5mm

形態：体長は約34〜39mmの小型のアカネで、翅の基部が橙色をしている。未熟個体は体色が黄色で、成熟雄は赤化する。雌では体色が黄色のタイプと赤色のタイプがある。終齢幼虫は、体長14mm・頭幅4.5mm内外。

分布：主として道東に記録があるが、道南、道央は稀で産地は局所的。

成虫の出現時期：7月下旬〜10月中旬

指定区分：環境省RDB：指定なし
　　　　　　北海道RDB：希少種R

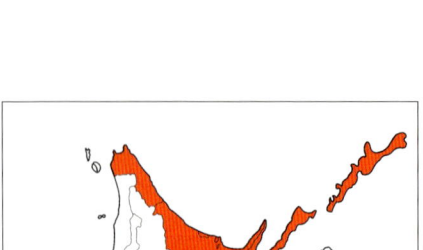

オス

幼虫

支庁別分布図

生態：平地から低山地の池沼周辺や湿地などに生息しているが、確実に定着していると思われる産地は少ない。夏季に一時的に干上がるような湿地で繁殖活動がよく見られ、雌は連結して打空産卵をする。卵の状態で越冬し翌春に孵化する。幼虫期間は約2ヶ月で、生活史は1年。

トンボ科 Libellulidae
ムツアカネ
Sympetrum danae (SULZER)

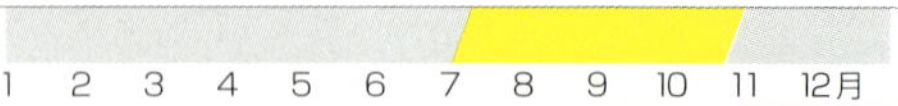

	1	2	3	4	5	6	7	8	9	10	11	12月
標高								山地	低山地	丘陵地	平地	
環境	止水								池沼	湿地		
	流水											

オス メス

34.5mm

形態：体長は約32〜37mmの小型のアカネで、未熟期は体色が黄色だが、成熟雄は黒化する。雌は黒化せず胸部は黄色で太い黒条がめだち、翅の基部に橙色の斑紋がある。終齢幼虫は、体長14mm・頭幅4mm内外。
分布：ほぼ北海道全域に記録があるが、南西部では稀。
成虫の出現時期：7月上旬〜10月下旬
指定区分：環境省RDB：指定なし
　　　　　　北海道RDB：指定なし

オス

幼虫

支庁別分布図

交尾

メス

生態：平地から山地の池沼、高層湿原の浅い水域に生息する。産卵方法は雌が連結または単独で打水、打泥産卵をする。卵の状態で越冬し翌春に孵化する。幼虫期間は約2ヶ月で、生活史は1年。

産卵

トンボ科　ムツアカネ

141

トンボ科 Libellulidae
ヒメリスアカネ
Sympetrum risi yosico ASAHINA

オス　メス

36mm

形態：体長は約33〜39mmの小型のアカネで、本州以南に分布するリスアカネの北海道亜種である。雌雄ともに翅の先端に褐色の小斑紋があるが消失する個体もある。成熟雄は腹部が赤化し、雌も赤化するタイプが見られる。終齢幼虫は、体長15mm・頭幅4.8mm内外で、腹部第8・9節の側棘は長い。
分布：ほぼ北海道全域に記録があるが、産地は局所的。
成虫の出現時期：7月中旬〜10月中旬
指定区分：環境省RDB：指定なし
　　　　　　 北海道RDB：希少種R

オス

幼虫

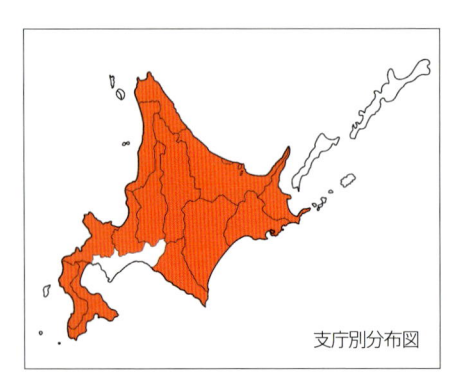

支庁別分布図

交尾

産卵（メス赤化型）

生態：平地から低山地の周囲が林で囲まれた池沼、湿地に生息し、成虫は水域付近の樹上、林縁に静止し、晴れると水辺に降りて生殖活動をする。産卵方法は、雌が連結または単独で打空産卵をする。卵の状態で越冬し翌春に孵化する。幼虫期間は約2ヶ月で、生活史は1年。

産卵（メス黄色型）

トンボ科　ヒメリスアカネ

143

トンボ科 Libellulidae
ノシメトンボ
Sympetrum infuscatum (Selys)

	1	2	3	4	5	6	7	8	9	10	11	12月
標高	高山	山地	亜山地					**丘陵地**	**平地**			
環境	止水	湖	**池沼**	湿地								
	流水	渓流	上中流	小河川								

オス / メス

45.5mm

形態：体長は約42〜49mmのやや大型のアカネで、翅の先端に褐色の斑紋がある。未熟期および雌は黄色で、成熟雄は褐色化するが黒味がつよい。胸部中央の黒条は上部まで届く。終齢幼虫は、体長18mm・頭幅5.5mm内外で、腹部第8節の側棘が長い。
分布：北海道全域に記録があり、普通種。
成虫の出現時期：7月下旬〜11月上旬
指定区分：環境省RDB：指定なし
　　　　　　北海道RDB：指定なし

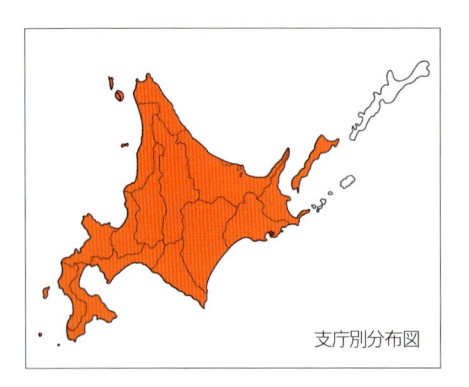

オス

幼虫

支庁別分布図

交尾

メス（未熟）

生態：平地から丘陵地の池沼、水田に広く生息し、成虫はアキアカネとともにもっとも普通に見られる。産卵方法は雌が連結また単独で水辺近くの草むらなどに打空産卵をおこなう。卵の状態で越冬し翌春に孵化する。幼虫期間は約2ヶ月で、生活史は1年。

産卵

トンボ科　ノシメトンボ

トンボ科 Libellulidae
コノシメトンボ
Sympetrum baccha matutinum Ris

| 1 | 2 | 3 | 4 | 5 | 6 | 7 | 8 | 9 | 10 | 11 | 12月 |

標高　高山　山地　低山地　丘陵地　平地
環境　止水　湖　池沼　湿地
　　　流水　源流　上中流　小河川

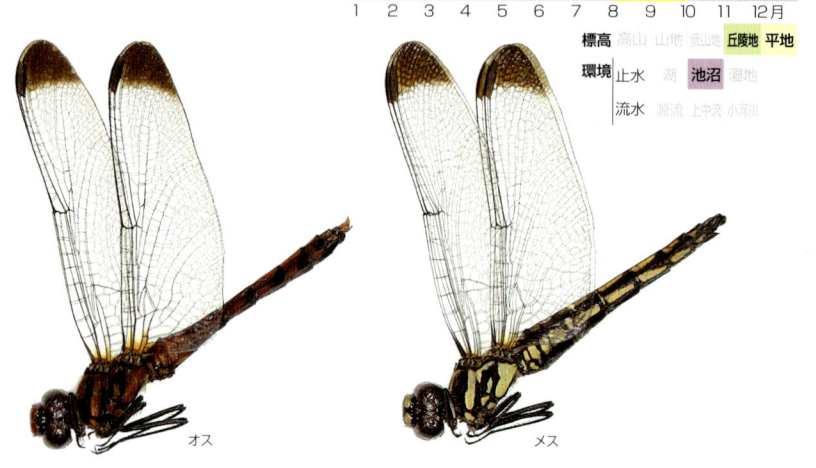

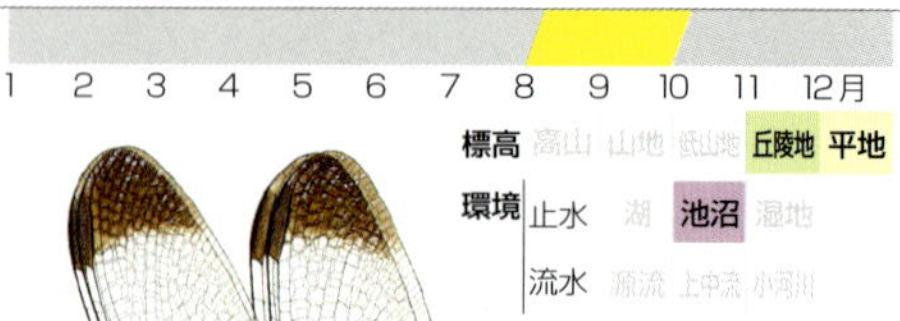

オス　　メス

39mm

形態：体長は約36～42mmのノシメトンボよりやや小型のアカネで、成熟雄は頭部、胸部、腹部ともに赤化する。雌は黄色で稀に赤化する個体も見られる。胸部中央の黒条が上部で後方のものとつながっていることで区別できる。終齢幼虫は、体長16mm・頭幅5mm内外で、複眼の濁灰色と腹部背面に不規則な斑紋があるので他種と容易に区別できる。
分布：ほぼ北海道全域に記録があるが、道東、道北では稀。
成虫の出現時期：8月上旬～10月上旬
指定区分：環境省RDB：指定なし
　　　　　　北海道RDB：指定なし

メス（赤化型）

幼虫

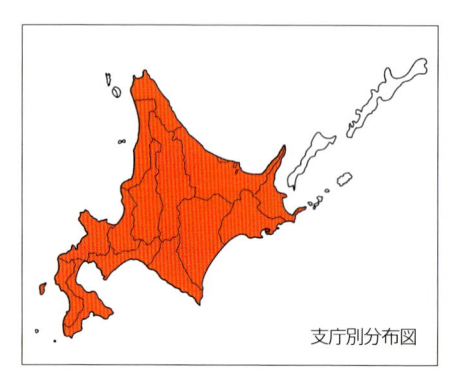

支庁別分布図

146

オス

生態：平地から丘陵地の池沼に生息し、林緑に静止している個体をよく見かける。産卵方法は雌が連結または単独で打水、打泥産卵をする。幼虫は水底に繁茂する水草の中に潜んで生活する。卵の状態で越冬し翌春に孵化する。幼虫期間は約2ヶ月で、生活史は1年。

メス

トンボ科　コノシメトンボ

メス

147

トンボ科 Libellulidae
キトンボ
Sympetrum croceolum (SELYS)

形態：体長は約36〜42mmの全身が橙色のアカネで、斑紋はほとんどない。成熟すると雌雄ともに腹部が赤化する。翅は前縁にそって橙色斑があり特徴的である。終齢幼虫は体長15mm・頭幅5mm内外。

分布：ほぼ北海道全域に記録があるが、産地はやや局所的。

成虫の出現時期：8月中旬〜10月下旬

指定区分：環境省RDB：指定なし
　　　　　北海道RDB：指定なし

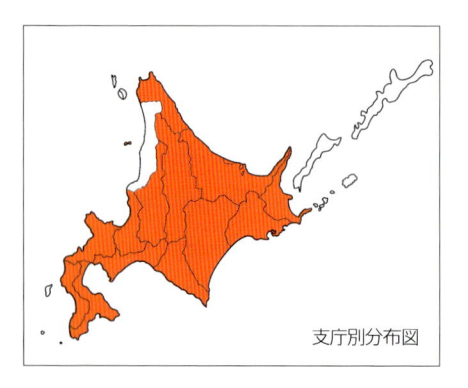

生態：平地から丘陵地の湖、池沼に生息する。成熟するまで一時期水辺を離れて生活する。寒さにつよい種で晩秋まで見られる。産卵方法は雌は産卵弁に卵塊をつくり、連結または単独で打水産卵をおこなう。卵の状態で越冬し翌春に孵化する。幼虫期間は約3ヶ月で、生活史は1年。

産卵

交尾

トンボ科　キトンボ

トンボ科 Libellulidae
カオジロトンボ
Leucorrhinia dubia orientalis S<small>ELYS</small>

形態：体長は約32〜39mmの小型のトンボで、名前のとおり額が白い。腹部第1〜7節まで黄色斑紋があるが成熟雄は黒化し、第7節を残し消失する。雌の翅は、未熟時には基部に黄色斑があり、成熟するにしたがい消失し透明となる。しかし苫小牧の個体群は、成熟してもエゾカオジロトンボのように濃い黄色斑が残る。終齢幼虫は、体長16mm・頭幅5mm内外、幼虫の腹部が丸く平べったく、腹部下面に縦の連続的な褐色斑がある。
分布：ほぼ北海道全域に記録があるが、産地は局所的。
成虫の出現時期：6月下旬〜8月下旬
指定区分：環境省RDB：指定なし
　　　　　　北海道RDB：指定なし

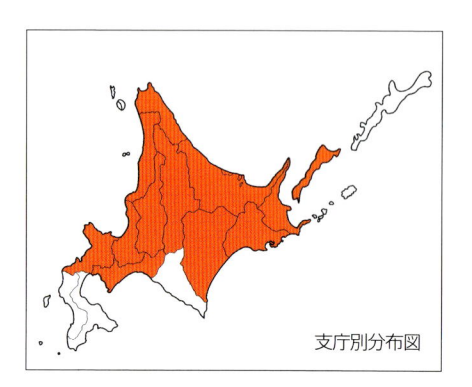

オス

交尾

生態：平地から高山の池沼、高層湿原に生息し、成虫は生息地付近をあまり離れず生活し、成熟雄は水辺の岸にある植物に止まり雌を待ちうける。雌は単独で岸辺に打水産卵をする。幼虫は水底の泥に潜って生活する。卵期間は約10日、幼虫で2回越冬し、生活史は2年と推測される。

メス

産卵

トンボ科　カオジロトンボ

トンボ科 Libellulidae
エゾカオジロトンボ
Leucorrhinia intermedia ijimai Asahina

オス / メス

40.5mm

形態：体長は約36〜45mmのカオジロトンボをやや大きくしたようなトンボで、雄は成熟しても腹部の黄色斑紋が消失しない。雌の翅には黄色斑があるが、大きさには変異がある。終齢幼虫は、体長20mm・頭幅6mm内外、腹部背面の黒条と第8・9節の側棘が短い。
分布：釧路、十勝支庁にのみ記録がある。
成虫の出現時期：5月下旬〜8月上旬
指定区分：環境省RDB：絶滅危惧Ⅱ類VU
　　　　　北海道RDB：絶滅危急種Vu

オス

幼虫

支庁別分布図

生態：平地から丘陵地の池沼に生息し、成虫は生息地付近の樹上や林縁で生活し、成熟すると雌雄とも池の水生植物に静止している。雌は単独で打水産卵をする。幼虫は底に潜って生活する。卵期間は約10日、幼虫で2〜3回越冬し、生活史は2〜3年。

羽化

産卵

トンボ科　エゾカオジロトンボ

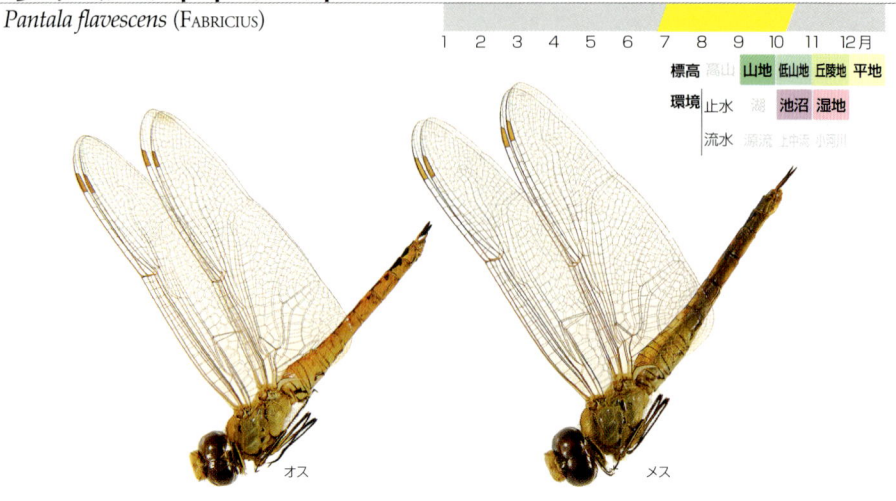

恒常的飛来種
ウスバキトンボ
Pantala flavescens (FABRICIUS)

オス メス

42mm

形態：体長は約40〜44mmの中型のトンボで、体にくらべ翅が幅広く大きい。雌雄ともに体色は黄色で成熟雄は赤化する。脚は細くかよわい。後翅基部と先端部に黄色斑がある。終齢幼虫は、体長23mm・頭幅6mm内外、色は透明感のある薄い黄緑色で、腹部8〜9節の側棘が長大である。

分布：ほぼ北海道全域に記録があるが、内陸部はやや少ない。

成虫の出現時期：6月下旬〜10月中旬

指定区分：環境省RDB：指定なし
　　　　　北海道RDB：指定なし

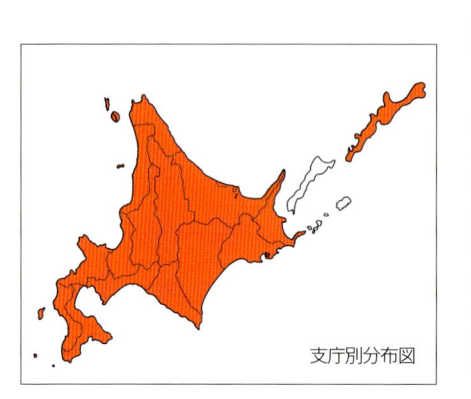

オス

幼虫

支庁別分布図

154

オス

メス

生態：成虫は、毎年7月上旬以降断続的に南方より飛来し、10月中旬まで見られる。低温に弱く越冬できずに毎年死滅する。飛来時によく公園や駐車場などの空き地で飛翔するのが見られる。雌は連結して打水産卵をおこなう。幼虫は平地から丘陵地の湿地や水田、市街地の人工的な池に生息する。札幌では飛来した雌成虫が産卵した後に約1週間で幼虫が孵化する。幼虫期間約50日を経て羽化するが、10月中旬頃に低温のため死滅する。北海道内では秋〜春期に生活史がとぎれることから恒常的飛来種として扱った。

恒常的飛来種
ウスバキトンボ

飛来・偶産種
ホソミオツネントンボ
Indolestes peregrinus (R<small>IS</small>)

オス

メス

37.5mm

形態：体長は約36〜39mmで、オツネントンボによく似ているが、いくぶん細身であり、翅を4枚合わせると縁紋が一つに重なることでオツネントンボと区別できる。

採集記録：日高支庁静内町と門別町の1992年の記録および胆振支庁昭和新山で1994年に目撃されているのみであり、それ以後途絶えている。北海道レッドデータブックでは「絶滅危惧種」として扱われているが、従来北海道からの記録はなく、単発的な記録であることから偶産種として扱った。

指定区分：環境省RDB：指定なし
　　　　　北海道RDB：絶滅危惧種En

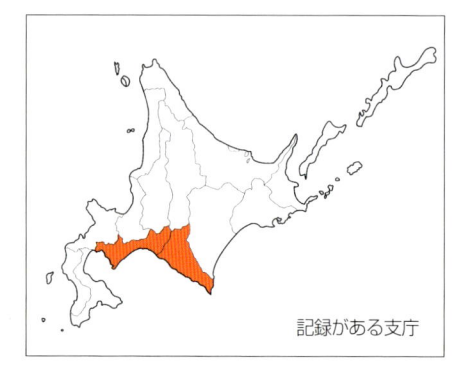

記録がある支庁

飛来・偶産種
モートンイトトンボ
Mortonagrion selenion (Rɪs)

オス

メス

26.5mm

形態：体長は約25〜28mmの小型のイトトンボで、雄は成熟すると胸部が緑色、腹部が橙色となる。雌は未熟時は全身が鮮赤色で成熟すると緑色になる。

採集記録：道南函館周辺の1000年の記録があるが、最近の記録はない。北海道レッドデータブックでは絶滅種として扱われているが、生息環境が同様なハラビロトンボが継続発生しているのに対して、単発的な記録であり、その後長年にわたり再確認されないことから偶産種として扱った。

指定区分：環境省RDB：指定なし
　　　　　　北海道RDB：絶滅種Ex

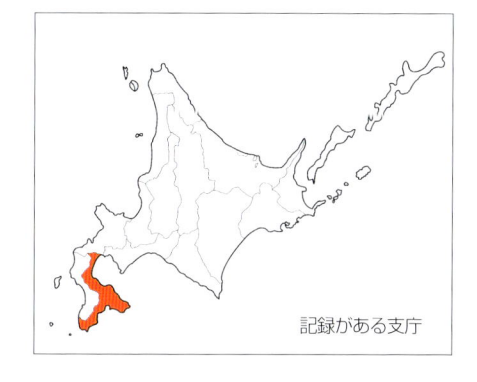

記録がある支庁

飛来・偶産種
カトリヤンマ
Gynacantha japonica Bartenef

オス

メス

71.5mm

形態：体長は約70〜73mmの細身中型のヤンマで、胸部は緑色になり腹部第2節が鮮やかな青色、複眼が大きい。雄の尾部上付属器、雌の尾毛は長く、折れて消失していることが多い。

採集記録：道南の函館でのみ記録がある。1956年7月に函館の中学生が採集した3雌の記録があるが、最近の記録は全くない。単発的な記録で、その後長年にわたり再確認されず、記録地が本州との物資往来の拠点であることから、偶産種として扱った。

指定区分：環境省RDB：指定なし
　　　　　　北海道RDB：指定なし

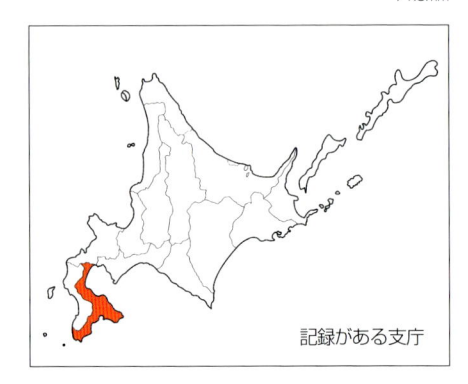

記録がある支庁

飛来・偶産種
オオギンヤンマ
Anax guttatus (Burmeister)

オス

メス

84mm

形態：体長は約81〜87mmの大型のヤンマで、雌雄ともに腹部第2節に青色斑紋がある。雄の後翅に円形の褐色斑紋がある。

採集記録：帯広（1979年）と根室（1900年）の記録がある。本来の生息地は、屋久島以南であることが知られていることから、南方からの飛来と考えられ偶産種として扱った。

指定区分：環境省RDB：指定なし
　　　　　　北海道RDB：指定なし

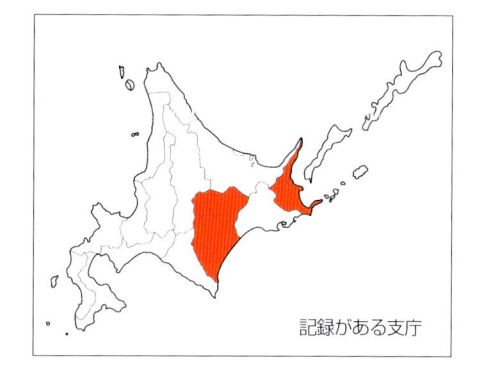

記録がある支庁

飛来・偶産種
ナゴヤサナエ
Stylurus nagoyanus (ASAHINA)

オス

メス

58.5mm

形態：体長は約57〜60mmの中型のサナエトンボで、雌雄ともに黒地に黄色の斑紋がある。雄の腹部第7節から先端にかけて幅広く膨らむ。

採集記録：1960年頃の7月下旬に札幌市で採集された記録があるのみ。宮城県、山形県以南に分布する種である。データが不備な単発的な記録であり、その後長年にわたり再確認されていないことから、偶産種として扱った。

指定区分：環境省RDB：指定なし
　　　　　　北海道RDB：指定なし

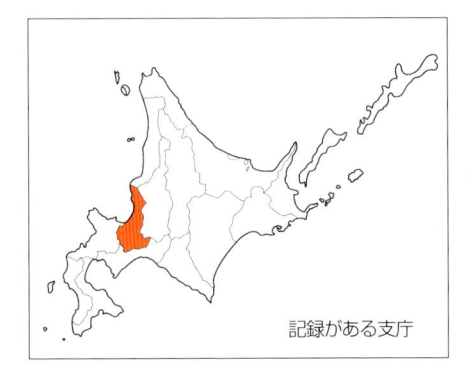

記録がある支庁

飛来・偶産種
ショウジョウトンボ
Crocothemis servilia mariannae Kiauta

オス

メス

49mm

形態：体長は約46〜52mmの中型のトンボで、未熟期は体色が黄色、雌雄ともに尾部背面に黒条があり、翅の基部に橙色斑がある。成熟雄は全身が赤化する。
採集記録：1957年に函館の記録があるが、最近の記録は全くない。単発的な記録で、その後長年にわたり再確認されず、記録地が本州との物資往来の拠点であることから、偶産種として扱った。
指定区分：環境省RDB：指定なし
　　　　　　北海道RDB：指定なし

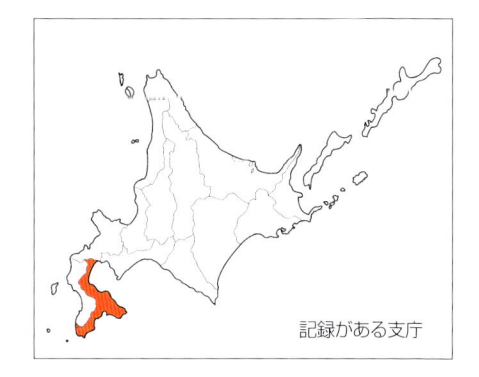

記録がある支庁

飛来・偶産種
タイリクアキアカネ
Sympetrum depressiusculum (Selys)

オス

メス

35.5mm

形態：体長は約34～37mmの小型のアカネで、アキアカネに似るが、小型で胸部黒条が細く、額縁の黒条が途切れることで区別するが、非常に似た個体もある。アキアカネとくらべやや華奢な飛び方をする。

採集記録：石狩（1994年）と宗谷（1990年）のほか網走を含め3例の記録がある。日本列島には生息しない種で、大陸から季節風により運ばれてきた個体が偶然採集されたものと考えられることから、偶産種として扱った。

指定区分：環境省RDB：指定なし
　　　　　　北海道RDB：指定なし

記録がある支庁

飛来・偶産種
オナガアカネ
Sympetrum cordulegaster (SELYS)

オス

メス

34.5mm

形態：体長は約32～37mmの小型のアカネで、ヒメアカネに似ている。雄は腹部第7節が膨らみ下方に突き出す。雌は産卵弁が大きく腹端部を超えることで区別できる。

採集記録：網走（1991年）と宗谷の礼文島（1996年）の2例の記録がある。日本列島には生息しない種で、大陸から季節風により運ばれてきた個体が偶然採集されたものと考えられることから、偶産種として扱った。

指定区分：環境省RDB：指定なし
　　　　　　北海道RDB：指定なし

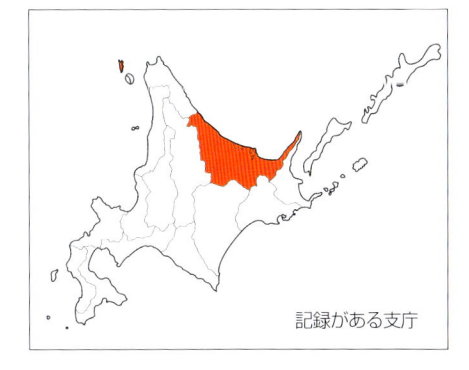

記録がある支庁

飛来・偶産種
チョウトンボ
Rhyothemis fuliginosa SELYS

オス

メス

34.5mm

形態：体長は32〜37mmの小型のトンボで，体の大きさにくらべて翅が大きく，翅の全体が紫藍色で一見チョウのようなトンボである。

採集記録：江別市で2000年に1例の目撃記録がある。従来北海道からの記録はなく，2000年は本州北部でも本種が非常に多く確認された年であることから，本州から何らかの原因で飛来した個体と考えられ，偶産種として扱った。

指定区分：環境省RDB：指定なし
　　　　　　北海道RDB：指定なし

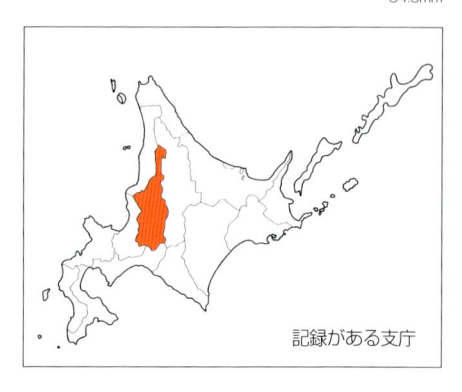

記録がある支庁

飛来・偶産種
ハネビロトンボ
Tramea virginia (Rambur)

オス

メス

56.5mm

形態：体長は約55〜58mmの体にくらべ翅が幅広いトンボで、雌雄ともに後翅基部に褐色斑がある。体色は黄褐色で成熟すると赤化する。
採集記録：渡島（1961年、1991年、1994年）、檜山の奥尻島（1987年）の目撃記録のほか石狩（1978年）の記録がある。本来の生息地は、四国の一部と、福岡県以南である。成虫は移動性が強く、南方より台風などで運ばれてきた個体が採集されたものと考えられることから、偶産種として扱った。
指定区分：環境省RDB：指定なし
　　　　　　北海道RDB：指定なし

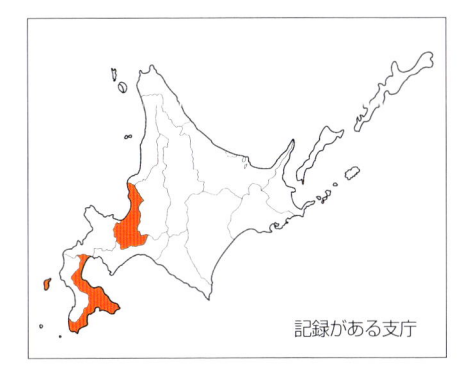

記録がある支庁

トンボの生息環境：流水域

源流域 網走市バイラギ

上中流域 旭川市伊野川

小河川 様似町アポイ山麓

湿地の中の流れ 大樹町キモントウ

トンボの生息環境：止水域

高標高の湖 羅臼町羅臼湖

高山の湿地 上川町ポンシビナイ

低山地の沼 釧路市じゅんさい沼

低山地の池 斜里町知床林道

トンボの生息環境：止水域

平地の湖 網走市網走湖

平地の沼 えりも町悲恋沼

平地の人工的な池 黒松内町歌才

平地の湿原 苫小牧市植苗

トンボの見分け方

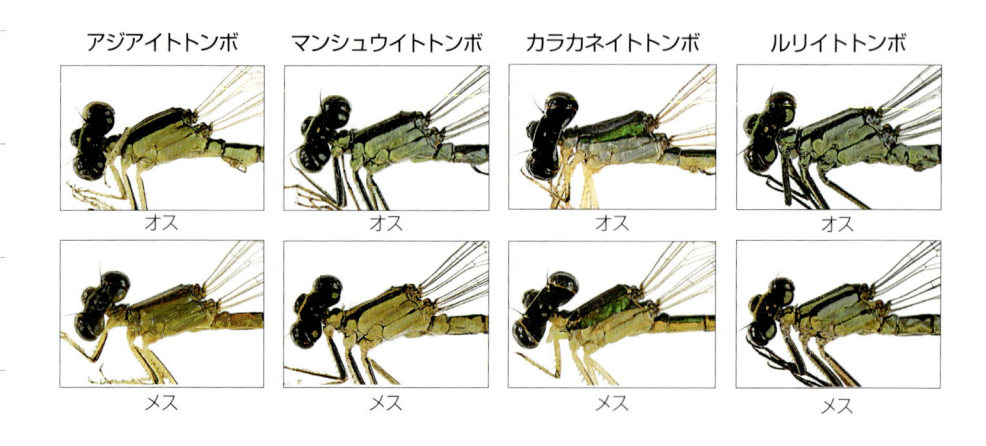

イトトンボ科の頭部および胸部側面の違い

アジアイトトンボ	マンシュウイトンボ	カラカネイトトンボ	ルリイトンボ
オス	オス	オス	オス
メス	メス	メス	メス

カラフトイトトンボ	エゾイトトンボ	オゼイトトンボ	キタイトトンボ
オス	オス	オス	オス
メス	メス	メス	メス

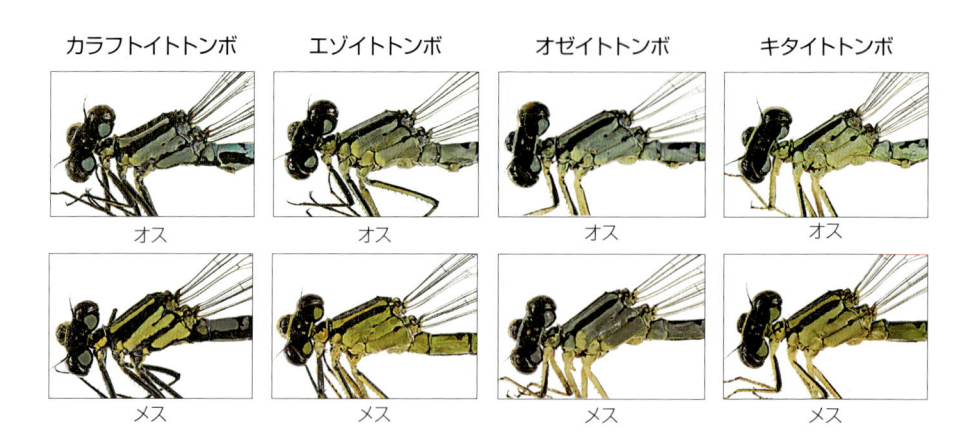

オオイトトンボ	セスジイトトンボ	クロイトトンボ	アカメイトトンボ
オス	オス	オス	オス
メス	メス	メス	メス

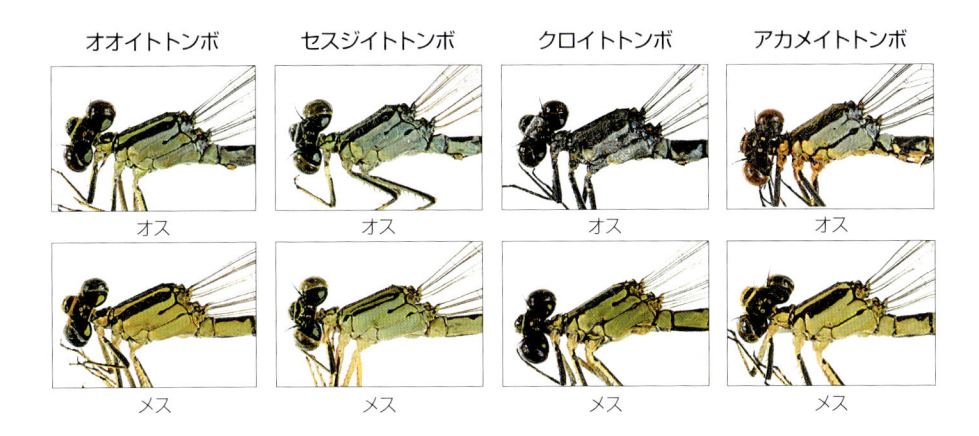

イトトンボ科の腹部第2節背面斑紋の違い

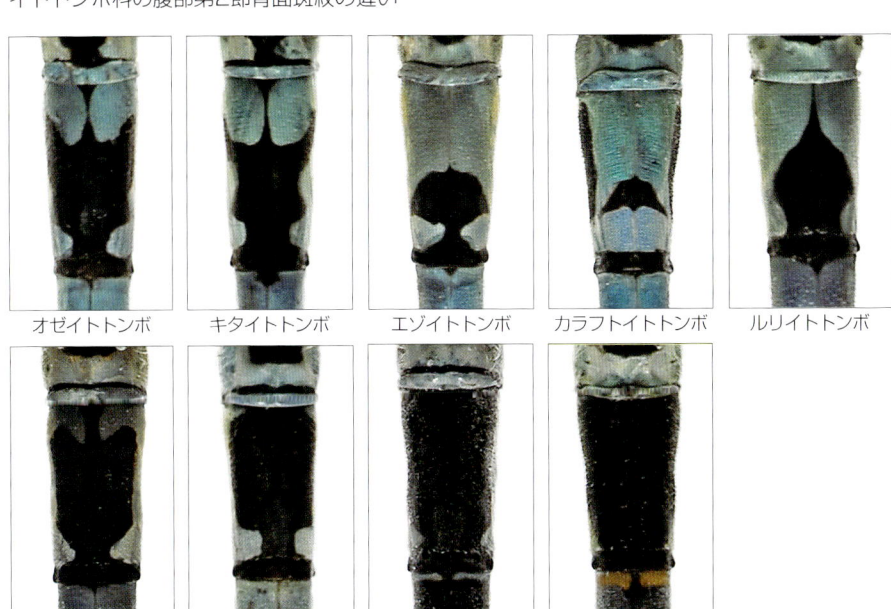

オゼイトトンボ	キタイトトンボ	エゾイトトンボ	カラフトイトトンボ	ルリイトトンボ

オオイトトンボ	セスジイトトンボ	クロイトトンボ	アカメイトトンボ

アオイトトンボ属の腹端部の違い

アオイトトンボ	エゾアオイトトンボ	オオアオイトトンボ
 オス腹端部背面	オス腹端部背面	オス腹端部背面
オス腹端部側面	オス腹端部側面	 オス腹端部側面
尾部下付属部は棒状。成熟オスは胸部に粉をまとう	尾部下付属部は先端が膨らむ。成熟オスは胸部に粉をまとう	尾部下付属器は細く曲がる。胸部に粉をまとわない
 メス腹端部側面	メス腹端部側面	メス腹端部側面
産卵管先端はほぼ腹端と同長	産卵管先端は腹端を越える	腹端節が大きく膨らむ

ルリボシヤンマ属の胸部斑紋および腹端部の違い

ルリボシヤンマ	オオルリボシヤンマ	イイジマルリボシヤンマ	マダラヤンマ
胸部側面	胸部側面	胸部側面	胸部側面
中央斑紋の上が細まる。気門脇に斑紋が出ることがある	中央斑紋の上が膨らむ。気門周辺に斑紋はない	中央斑紋の上が細まる。気門上下に斑紋がある	中央斑紋が上部ほど細まる。胸部斑紋が大きい
メス腹端部背面	メス腹端部背面	メス腹端部背面	メス腹端部背面
メス腹端部側面	メス腹端部側面	メス腹端部側面	メス腹端部側面
尾毛は太く短い。腹端節が膨らむ	尾毛は細く短い。腹端節が膨らむ	尾毛は太く長い。腹端節が膨らむ	尾毛は細く長い。腹端節は膨らまない

カラカネトンボ属とエゾトンボ属の腹端部の違い

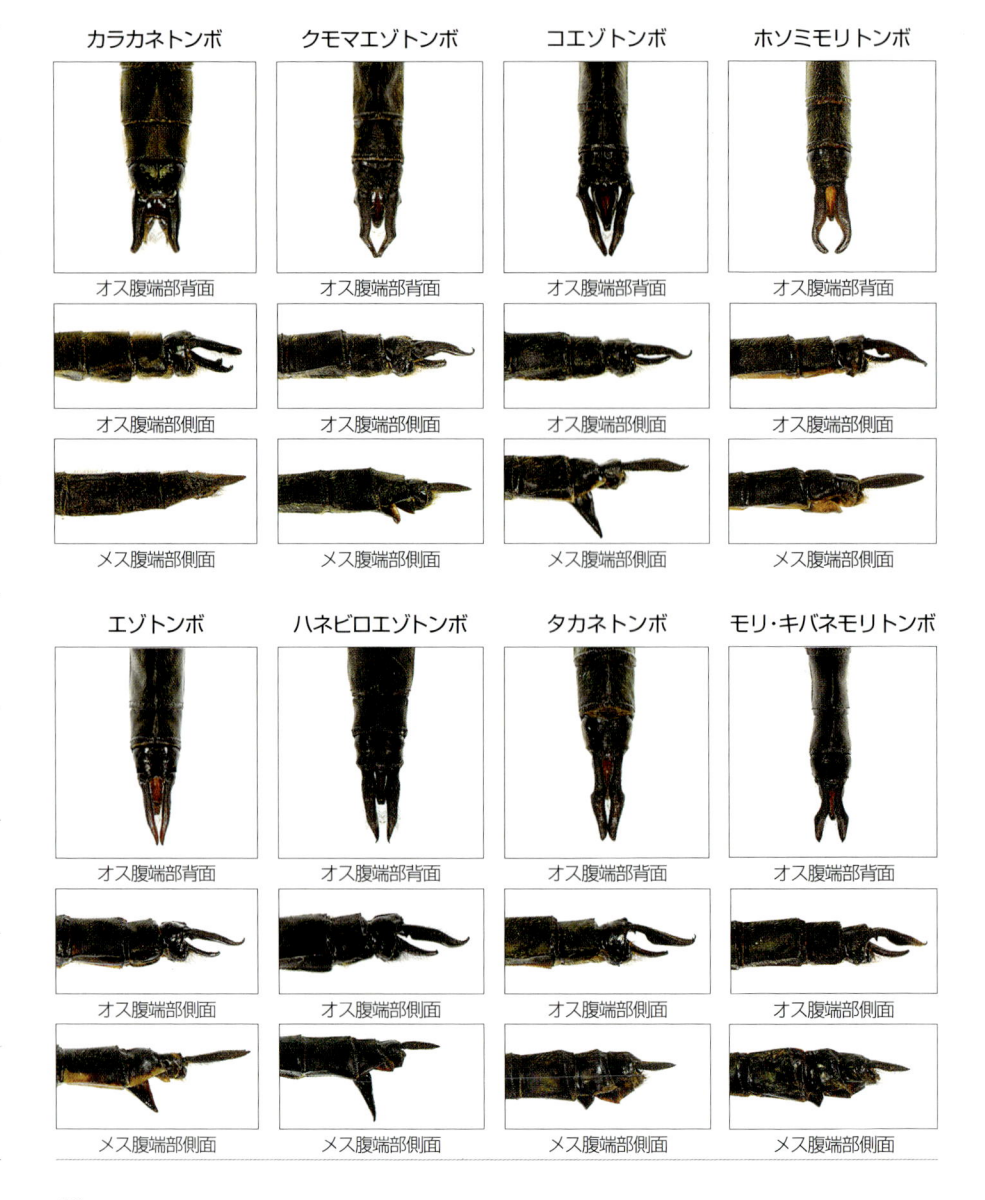

カラカネトンボ
オス腹端部背面
オス腹端部側面
メス腹端部側面

クモマエゾトンボ
オス腹端部背面
オス腹端部側面
メス腹端部側面

コエゾトンボ
オス腹端部背面
オス腹端部側面
メス腹端部側面

ホソミモリトンボ
オス腹端部背面
オス腹端部側面
メス腹端部側面

エゾトンボ
オス腹端部背面
オス腹端部側面
メス腹端部側面

ハネビロエゾトンボ
オス腹端部背面
オス腹端部側面
メス腹端部側面

タカネトンボ
オス腹端部背面
オス腹端部側面
メス腹端部側面

モリ・キバネモリトンボ
オス腹端部背面
オス腹端部側面
メス腹端部側面

エゾコヤマトンボとオオヤマトンボの違い

エゾコヤマトンボ

頭部前面
黄斑が少ない

前翅・後翅

後翅三角室拡大
三角室の中に分断脈がない

オオヤマトンボ

頭部前面
黄斑が多い

前翅・後翅

後翅三角室拡大
三角室の中に分断脈がある

アカネ属の翅と胸部斑紋の違い

| アカネ属（翅に斑紋なし） | アカネ属（翅先端に斑紋） | アカネ属（翅基部に斑紋） |

●翅に明瞭な斑紋がない

ナツアカネ
成熟オスは全身が赤くなる。
黒条は太く胸部中央で途切れる

アキアカネ
黒条は太く胸部中央で途切れる。
後方の黒条とつながる個体も見られる

タイリクアキアカネ
アキアカネに似るがより小型。
黒条もアキアカネに比べ細い

オナガアカネ
メスは翅基部に橙色斑が出ることが
ある。胸部黒条は細い

タイリクアカネ
オスメスともに翅脈が赤い。
胸部黒条は細い

マユタテアカネ
額に眉状の黒斑が出る。
胸部黒条は細い

マイコアカネ
成熟オスは額が青色になる。
胸部には多くの黒斑が出る

ヒメアカネ
成熟すると額が白化する。
胸部前面にi字状の黄斑がある

ムツアカネ
成熟オスは黒化する。
胸部黒条は非常に太い

●翅先端付近に明瞭な斑紋がある

ミヤマアカネ
翅上部に帯状の斑紋。
黒条はない

ヒメリスアカネ
翅先端の斑紋は小さい。
黒条は上部では細くなる

ノシメトンボ
翅先端の斑紋は大きい。
太い黒条がある

コノシメトンボ
翅先端の斑紋は大きい。
黒条が後部の黒条とつながる

●翅基部付近に明瞭な斑紋がある

ナツアカネ
メスは翅基部に斑紋が出ることがある。中央まで太い黒条がある

オナガアカネ
メスは翅基部に斑紋が出ることがある。太い黒条がない

マイコアカネ
メスは翅基部に斑紋が出ることがある。多くの黒斑がある

エゾアカネ
オスメスともに翅基部は橙色。
太い黒条がない

キトンボ
オスメスともに翅基部・前縁は橙色。
斑紋がない

和名索引

[ア]
アオイトトンボ･･･････････････22
アオヤンマ･････････････････････64
アカメイトトンボ･･･････････････52
アキアカネ･･････････････････128
アジアイトトンボ･･････････････34
イイジマルリボシヤンマ･･････70
ウスバキトンボ･････････････154
エゾアオイトトンボ････････････24
エゾアカネ･･････････････････138
エゾイトトンボ･････････････････46
エゾカオジロトンボ････････152
エゾコヤマトンボ･･････････････90
エゾトンボ･･････････････････108
オオアオイトトンボ････････････26
オオイトトンボ･････････････････40
オオギンヤンマ････････････159
オオシオカラトンボ････････120
オオトラフトンボ･･･････････････92
オオヤマトンボ･････････････････88
オオルリボシヤンマ･･･････････68
オゼイトトンボ･････････････････44
オツネントンボ･････････････････28
オナガアカネ･･･････････････163
オニヤンマ･････････････････････86

[カ]
カオジロトンボ･････････････150
カトリヤンマ･･･････････････158
カラカネイトトンボ････････････54
カラカネトンボ･････････････････94
カラフトイトトンボ････････････50

[キ]
キタイトトンボ･････････････････48
キトンボ･････････････････････148
キバネモリトンボ･････････････102
ギンヤンマ･････････････････････74
クモマエゾトンボ･･････････････98
クロイトトンボ･････････････････38
クロスジギンヤンマ･･･････････76
コエゾトンボ･･･････････････100
コオニヤンマ･･･････････････････84
コサナエ････････････････････････82
コシボソヤンマ･････････････････60
コノシメトンボ･････････････146
コフキトンボ･･････････････････122

[サ]
サラサヤンマ･･･････････････････58
シオカラトンボ･････････････116
シオヤトンボ･･････････････････118
ショウジョウトンボ･･････････161
セスジイトトンボ･･････････････42

[タ]
タイリクアカネ････････････130
タイリクアキアカネ･････････162
タカネトンボ･･････････････････106
チョウトンボ･･････････････････164

[ナ]
ナゴヤサナエ･･････････････････160
ナツアカネ･･････････････････126
ニホンカワトンボ･･････････････20
ノシメトンボ････････････････144

[ハ]
ハネビロエゾトンボ･･････････110
ハネビロトンボ･････････････165
ハラビロトンボ･････････････112
ヒメアカネ･････････････････136
ヒメリスアカネ････････････142
ホソミオツネントンボ････････156
ホソミモリトンボ･･････････････96
ホンサナエ･････････････････････78

[マ]
マイコアカネ･･･････････････134
マダラヤンマ･････････････････72
マユタテアカネ････････････132
マンシュウイトトンボ････････32
ミヤマアカネ･･･････････････124
ミヤマカワトンボ･･････････････18
ミルンヤンマ･･･････････････････62
ムカシトンボ･･･････････････････56
ムツアカネ･･････････････････140
モイワサナエ･･･････････････････80
モートンイトトンボ･･････････157
モノサシトンボ･････････････････30
モリトンボ･･････････････････102

[ヤ]
ヨツボシトンボ････････････114

[ラ]
ルリイトトンボ･････････････････36
ルリボシヤンマ･････････････････66

学名索引

[A]
Aeschnophlebia longistigma SELYS ･････････････････64
Aeshna juncea (LINNAEUS)･････････････････････････66
Aeshna mixta soneharai ASAHINA ･････････････････72
Aeshna nigroflava MARTIN ･･･････････････････････68
Aeshna subarctica WALKER ････････････････････････70
Anax guttatus (BURMEISTER)････････････････････159

Anax nigrofasciatus nigrofasciatus OGUMA ･･･････76
Anax parthenope julius BRAUER ････････････････74
Anotogaster sieboldii (SELYS) ･･･････････････････86

[B]
Boyeria maclachlani (SELYS) ････････････････････60

180

[C]

Calopteryx cornelia Selys ... 18
Coenagrion ecornutum (Selys) ... 48
Coenagrion hylas (Trybom) ... 50
Coenagrion lanceolatum Selys ... 46
Coenagrion terue (Asahina) ... 44
Copera annulata (Selys) ... 30
Cordulia aenea amurensis Selys ... 94
Crocothemis servilia mariannae Kiauta ... 161

[D]

Davidius moiwanus moiwanus (Okumura) ... 80
Deielia phaon (Selys) ... 122

[E]

Enallagma circulatum Selys ... 36
Epiophlebia superstes (Selys) ... 56
Epitheca bimaculata sibirica Selys ... 92
Epophthalmia elegans (Brauer) ... 98
Erythromma humerale Selys ... 52

[G]

Gomphus postocularis Selys ... 78
Gynacantha japonica Bartenef ... 158

[I]

Indolestes peregrinus (Ris) ... 158
Ischnura asiatica (Brauer) ... 34
Ischnura elegans elegans (Van der linden) ... 32

[L]

Lestes dryas Kirby ... 24
Lestes sponsa (Hansemann) ... 22
Lestes temporalis Selys ... 26
Leucorrhinia dubia orientalis Selys ... 150
Leucorrhinia intermedia ijimai Asahina ... 152
Libellula quadrimaculata asahinai Schmidt ... 114
Lyriothemis pachygastra (Selys) ... 112

[M]

Macromia amphigena masaco Eda ... 90
Mnais costalis Selys ... 20
Mortonagrion selenion (Ris) ... 157

[N]

Nehalennia speciosa (Charpentier) ... 54

[O]

Orthetrum albistylum speciosum (Uhler) ... 116
Orthetrum japonicum japonicum (Uhler) ... 118
Orthetrum triangulare melania (Selys) ... 120

[P]

Pantala flavescens (Fabricius) ... 154
Paracercion calamorum calamorum (Ris) ... 38
Paracercion hieroglyphicum (Brauer) ... 42
Paracercion sieboldii (Selys) ... 40
Planaeschna milnei (Selys) ... 62

[R]

Rhyothemis fuliginosa Selys ... 164

[S]

Sarasaeschna pryeri (Martin) ... 58
Sieboldius albardae Selys ... 84
Somatochlora alpestris (Selys) ... 98
Somatochlora arctica (Zetterstedt) ... 96
Somatochlora clavata Oguma ... 110
Somatochlora graeseri aureola Oguma ... 102
Somatochlora graeseri graeseri Selys ... 102
Somatochlora japonica Matsumura ... 100
Somatochlora uchidai Foerster ... 106
Somatochlora viridiaenea (Uhler) ... 108
Stylurus nagoyanus (Asahina) ... 160
Sympecma paedisca (Brauer) ... 28
Sympetrum baccha matutinum Ris ... 148
Sympetrum cordulegaster (Selys) ... 163
Sympetrum croceolum (Selys) ... 148
Sympetrum danae (Sulzer) ... 140
Sympetrum darwinianum (Selys) ... 126
Sympetrum depressiusculum (Selys) ... 162
Sympetrum eroticum eroticum (Selys) ... 132
Sympetrum flaveolum flaveolum (Linnaeus) ... 138
Sympetrum frequens (Selys) ... 128
Sympetrum infuscatum (Selys) ... 144
Sympetrum kunckeli (Selys) ... 134
Sympetrum parvulum Bartenef ... 136
Sympetrum pedemontanum elatum (Selys) ... 124
Sympetrum risi yosico Asahina ... 142
Sympetrum striolatum imitoides Bartenef ... 130

[T]

Tramea virginia (Rambur) ... 165
Trigomphus melampus (Selys) ... 82

参考文献
本書の製作にあたり、以下の文献類を参考とした。

■単行本
□広瀬良宏・伊藤智，1993．蝦夷乃蜻蛉．xi+186pp．自刊，網走／静内．
□石田勝義，1996．日本産トンボ目幼虫検索図説．x+447pp.
　北海道大学図書刊行会．札幌．
□杉村光俊・石田昇三・小島圭三・石田勝義，1999．原色日本トンボ幼虫・
　成虫大図鑑．xxxv+917pp．北海道大学図書刊行会．札幌．
□北海道環境生活部環境室自然環境課(編)，2001．北海道の希少野生生物
　北海道レッドデータブック2001．309pp．北海道，札幌．
□井上清・谷幸三，2005．トンボのすべて　第2改訂版．168pp．
　トンボ出版．大阪．
□日本環境動物昆虫学会(編)，2005．トンボの調べ方．306pp．
　文教出版．大阪．
□石綿進一ほか(監修)，2005．日本産幼虫図鑑．336pp．学習研究社．東京．
□木野田君公，2006．札幌の昆虫．413pp．北海道大学出版会．札幌．
□堀繁久，2006．探そう！ほっかいどうの虫．127pp．北海道新聞社．札幌．
□環境省(編)，2006．改訂・日本の絶滅のおそれのある野生生物
　レッドデータブック，5 昆虫類．246pp．財団法人自然環境研究センター，東京．

■雑誌
□北海道トンボ研究会会報(北海道トンボ研究会)，7以降
□Tombo(日本蜻蛉学会)，36(1/4)以降
□Aeschna(蜻蛉研究会)，(27)以降
□jezoensis (北海道昆虫同好会)，(20)以降

著者略歴

広瀬　良宏（ひろせ よしひろ）生物産業学博士
1969年3月16日　東京都江東区生まれ
東京農業大学大学院生物産業学研究科博士後期課程修了
現在：学校法人 産業技術学園
北海道ハイテクノロジー 専門学校
バイオテクノロジー科 教員
国際蜻蛉学会、日本蜻蛉学会 会員

伊藤　智（いとう　さとし）
1965年4月24日　岩手県宮古市生まれ
東京農業大学大学院農学専攻科博士前期課程修了
現在：株式会社 建設技術研究所 東北支社 勤務
日本蜻蛉学会 会員

横山　透（よこやま とおる）
1951年10月26日　北海道札幌市生まれ
現在：丸善 株式会社 札幌支店 勤務
日本蜻蛉学会、北海道トンボ研究会ほか会員

北海道のトンボ図鑑

2007年7月7日　初版第1刷発行

著者	広瀬良宏・伊藤智・横山透 ©
造本者	大竹左紀斗
編集協力	有限会社 寿郎社
発行人	新沼光太郎
発行所	ミナミヤンマ・クラブ株式会社
	〒102-0072　東京都千代田区飯田橋2-4-10　加島ビル
	電話 03-3234-5520　FAX 03-3234-5526
	振替 00170-4-544081
	http://www.minamiyanmaclub.jp/
	info@minamiyanmaclub.jp
発売元	株式会社 いかだ社
	〒102-0072　東京都千代田区飯田橋2-4-10　加島ビル
	電話 03-3234-5365　FAX 03-3234-5308
	振替 00130-2-572993
	http://www.ikadasha.jp
	info@ikadasha.jp
印刷・製本	株式会社 ミツワ

落丁・乱丁の場合はお取り替えいたします。

Y.HIROSE, S.ITOH, T.YOKOYAMA 2007© Printed In Japan
ISBN978-4-87051-214-6